# THE FASHION DESIGNER'S
DIRECTORY OF SHAPE AND STYLE

## 时装设计元素:
### 款式与造型

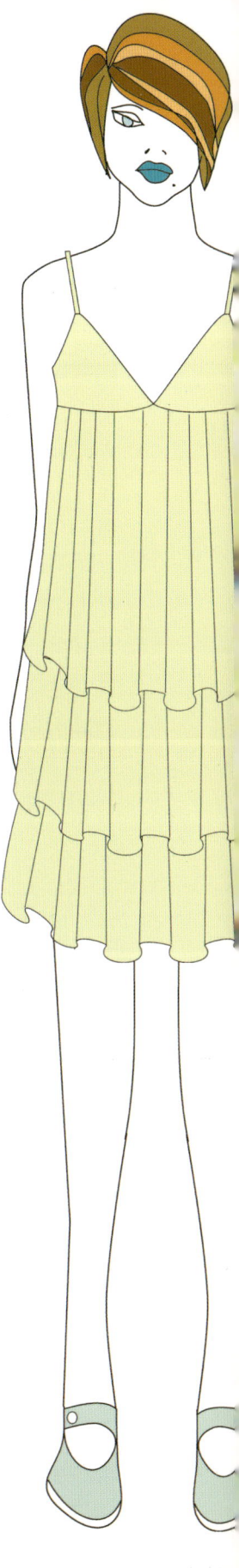

原文书名 The Fashion Designer's Directory of Shape and Form
原作者名 Simon Travers - Spencer and Zarida Zaman
© 2008 Quarto Publishing plc

All rights reserved. No part of this publication may be reproduced in any form or by any means – graphic, electronic or mechanical, including photocopying, recording, taping, information storage and retrieval systems – without the prior permission in writing of the publisher.

本书中文简体版经Quarto Publishing plc授权，由中国纺织出版社独家出版发行。本书内容未经出版者书面许可，不得以任何方式或任何手段复制、转载或刊登。

著作权合同登记号：图字：01-2008-5724

**图书在版编目（CIP）数据**

时装设计元素：款式与造型/（英）卓沃斯－斯宾塞，（英）瑟蒙著；董雪丹译.—北京：中国纺织出版社，2009.8（2011.2重印）
（国际服装丛书．设计）
ISBN 978-7-5064-5589-3

Ⅰ．时… Ⅱ．①卓…②瑟…③董… Ⅲ．服装-设计
Ⅳ．TS941.2

中国版本图书馆CIP数据核字（2009）第051166号

策划编辑：刘 磊 刘晓娟　　责任编辑：宗 静　　责任校对：王花妮
责任设计：何 建　　　　　　责任印制：陈 涛

中国纺织出版社出版发行
地址：北京东直门南大街6号　邮政编码：100027
邮购电话：010—64168110　传真：010—64168231
http://www.c-textilep.com
E-mail: faxing@c-textilep.com
北京利丰雅高印刷有限公司印刷　各地新华书店经销
2009年8月第1版　2011年2月第2次印刷
开本：787×1092　1/16　印张：9
字数：117千字　定价：42.00元

凡购本书，如有缺页、倒页、脱页，由本社图书营销中心调换

国际服装丛书·设计

[英] 西蒙·卓沃斯-斯宾塞
[英] 瑟瑞达·瑟蒙 著
董雪丹 译

# THE FASHION DESIGNER'S
## DIRECTORY OF SHAPE AND STYLE

# 时装设计元素:
# 款式与造型

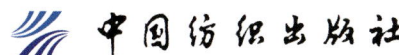
中国纺织出版社

## 内 容 提 要

本书的主体部分是造型设计，其中包括大量的细节设计，这些都是独特的、原创的。这些珍贵资源将为创意型的设计师提供丰富的设计思想与灵感。为了便于读者参考，这些内容以服装细节设计的形式呈现，同时还包括面料的适用性。

本书是关于女装设计的珍贵资料，有500多个详细的例子，这些例子为激发设计师的想象力，设计原创服装提供了相当宝贵的基础元素。

# 目录

| | |
|---|---|
| 前言 | 6 |
| 关于本书 | 8 |
| 如何使用模特底图模板 | 9 |
| **第一章：设计过程** | **10** |
| 设计过程：概述 | 12 |
| 调研 | 14 |
| 创意板 | 16 |
| 设计拓展 | 18 |
| 人台试样 | 20 |
| 理解比例 | 24 |
| 确定廓型 | 26 |
| 选择色彩 | 30 |
| 形成你的色彩组合 | 32 |
| 整个过程 | 34 |
| **第二章：造型手册** | **38** |
| **袖子** | **40** |
| 外套和夹克·袖子 | 42 |
| 上衣·长袖 | 46 |
| 上衣·短袖和无袖 | 48 |
| 连衣裙·袖子 | 50 |
| 针织衫·袖子 | 52 |
| **领口和领子** | **54** |
| 外套和夹克·领口和领子 | 58 |
| 衬衫和罩衫·领口和领子 | 62 |
| 上衣·领口和领子 | 64 |
| 连衣裙·领口和领子 | 70 |
| 针织衫·领口和领子 | 72 |

| | |
|---|---|
| **腰带** | **76** |
| 短裤和长裤·腰带 | 78 |
| 半裙·腰带 | 82 |
| **口袋** | **84** |
| 外套和夹克·口袋 | 86 |
| 衬衫和罩衫·口袋 | 88 |
| 短裤和长裤·口袋 | 90 |
| 半裙·口袋 | 92 |
| **袖口** | **94** |
| 外套和夹克·袖口 | 96 |
| 衬衫和罩衫·袖口 | 98 |
| 上衣·袖口 | 100 |
| 针织衫·袖口 | 102 |
| **闭合方式** | **104** |
| 外套和夹克·闭合方式 | 106 |
| 衬衫和罩衫·闭合方式 | 108 |
| 短裤和长裤·闭合方式 | 110 |
| **下摆** | **112** |
| 外套和夹克·下摆 | 114 |
| 短裤和长裤·下摆 | 116 |
| 半裙·下摆 | 118 |
| 连衣裙·下摆 | 120 |
| 针织衫·下摆 | 122 |
| **第三章:织物手册** | **124** |
| 机织物(中厚型) | 127 |
| 透孔织物 | 133 |
| 轻薄织物 | 134 |
| 弹性织物 | 136 |
| 教育资源 | 138 |
| 致谢 | 141 |

# 前言

不论是实用的还是创意的服装设计，我在面料裁剪和服装造型方面对自己感到无比满意，这些衣服设计出来会非常合体，并且让人很好地表达（或隐藏）他的身份与个性。在这个越来越实际的世界里，设计为我提供一个创造服装产品的空间，这些产品从视觉、织物、情感的角度与人直接互相影响。

服装设计是一个充满挑战、不断测试自我的有益锻炼。值得注意的是，设计一场时装发布会，设计师需要具备想象力、创造力和原创能力以及绘画、设计纸样和缝制能力。我希望这本书能够引导你走过设计过程，为你提供触发设计思想的催化剂，并能带给你信息和设计灵感。

——西蒙

我在四岁时为自己的芭比娃娃做衣服，从那时起，我就开始热爱时尚。八岁时我开始设计工作。如此自然的结合，让我与服装设计的关系成为生命中最重要的东西。我发现从事服装设计的人一般比较热情、感性。我们热爱我们所做的，知道自己有多么幸运，并且决心要成功。

现在我在伦敦时装学院教授服装设计，我见到很多有着同样热情和决心的渴求知识的面孔，我要帮助他们达到目标，让学生得到尽量多的知识，这给了我无限的满足感。我相信无论是新手还是有经验的设计师，这本书都将帮助他们做到这一点。如果你觉得你的职业是时尚的，那么我希望这本书能帮助你弄清是否确实如此。

——瑟瑞达

# 关于本书

这是一本关于女装设计的珍贵资料，有超过500个详细的例子，这些例子为激发想象力、设计原创服装提供了基础元素。

### 造型手册
**(38～123页)**

本书的主体部分是造型手册，其中包括大量细节设计思想，都是独特的、原创的。这一珍贵资源将为创意型的设计师提供丰富思想与灵感。为了便于读者参考，这些内容以服装细节设计的形式呈现，同时还包括面料的适用性。

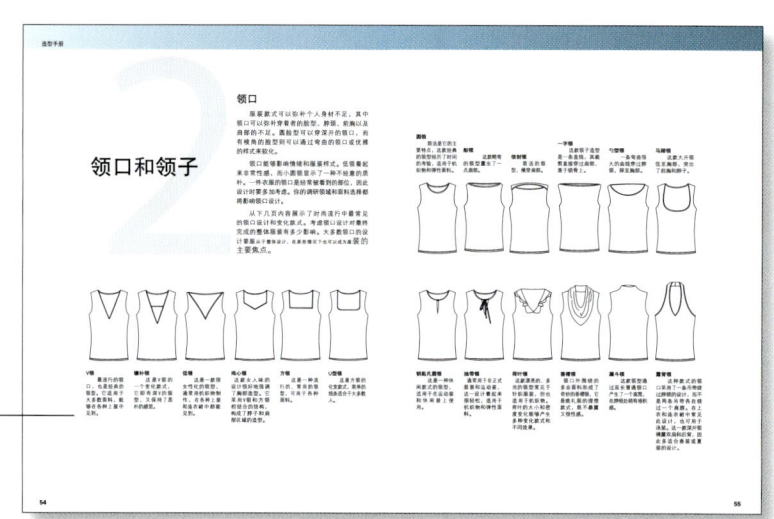

**鉴别细节**
每款服装都用细节描述和精确的服装术语来介绍。

**平面款式图**
平面款式图展现了服装细节结构。

**合适的面料厚度**
一些服装款式需要特定的面料厚度，你可以参考后面的织物手册，寻找推荐面料。

**走秀照片**
照片作为插图，展示实际完成的服装。

## 设计过程
(10~37页)

　　这一部分是本书的开头，描述了整个设计过程，从产生创意板到如何利用面料，形成服装。

**工作中的服装设计学生**
看学生们如何调整他们的设计思想。

## 织物手册（124~137页）

　　织物手册部分是一些如何选择面料的建议。按照织物类型和厚度分类，每种织物都配有样布照片。

**细节特写**
有的织物配有细部放大的图片，以展示织纹。

## 如何使用模特底图模板

　　使用模特底图作为服装系列设计的模板。

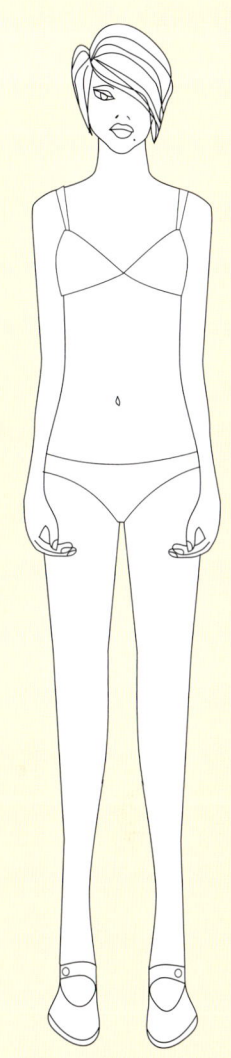

1. 将图纸（薄的、不透明的）放在模特画像上，直接在上面手绘描摹出模特、服装和全套搭配。

2. 将指南中的任何一款服装的造型拷贝到图纸上。描绘线迹，以便看出服装穿在模特身上的效果。在图纸上描摹其他服装细节，并进行组合、搭配，产生出新设计。

9

第一章
# 设计过程

这一章将介绍一系列步骤，带你走过服装设计的全过程。每一个步骤都有详细的说明，还包括无比珍贵的实践经验。把每个步骤都完成了，你就掌握了设计原创服装的所有必要元素。

设计过程

# 设计过程：概述

从草图开始到服装系列的产生是一个创意设计的过程，这一过程可分成七个关键步骤，每一步都代表一个更深层次的提炼。

### 1. 调研
(14 ~ 15页)

可以根据你的想法和理念进行调查研究，并将其运用于设计灵感中，从而启动设计过程。

### 3. 设计拓展
(18 ~ 19页)

探寻你最好的想法，选定服装廓型和细节。

### 2. 产生创意板
(16 ~ 17页)

选择你的想法中最好的一个，制作创意板，使你的服装系列有一个主题和独特的视觉形象。

### 4. 人台试样
(20 ~ 24页)

通过在人台上进行服装成形的尝试，看看你的想法怎样才能实现。

## 5. 理解比例
(24~25页)

成功的设计来自对女性体型和服装原型的深入了解，这些方面的细微变化都影响着服装完成后的外观。

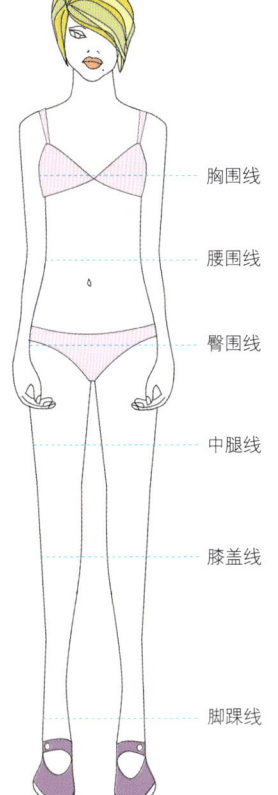

胸围线
腰围线
臀围线
中腿线
膝盖线
脚踝线

## 7. 选择色彩
(30~33页)

为你的服装设计色彩系列，挑选面料。

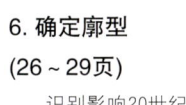

## 6. 确定廓型
(26~29页)

识别影响20世纪女装廓型的因素。

## 8. 整个过程
(34~37页)

领会一个设计师如何从调研到服装完成的整个过程。

设计过程

# 调研

设计过程的第一步是详尽透彻的调查研究。这将提供一个广泛的系统以便使你的设计思路渐渐清晰，启发你找到设计方向。选择一个让你着迷的、感兴趣的甚至让你感到迷惑的主题或概念，纵情发挥你的创造力和个性。

## 寻找灵感

灵感会在任何地方产生。看看你周围的环境，分析、探索后，借用那些呈现在你面前的想法、颜色、面料和造型。你生活在城市还是乡村？不管是城市还是乡村，都有大量的灵感来源。观察人们的活动和他们之间的互相影响。他们穿些什么？怎么穿？他们的衣服表达了什么？为你的设计提出一个主题、一个故事或者一个哲理。用图画和照片证明你的视觉探索。

## 你是什么样的设计师？

观看国际时装表演秀，思考他们的主题，并以此区分这些系列。时装世界里有你非常崇拜的天才吗？大多数世界知名的设计师都有一个标志性的形象。英国设计师约翰·加里亚诺（John Galliano）以他丰富而夸张的创意而闻名于世，这些创意来自于不同的历史时期。美国设计师卡尔文·卡莱恩（Calvin Klein）使用简单、调和的颜色系统创造出流畅的、工艺精美的衣服，轻松达到了精致的效果。日本设计师三宅一生（Issey Miyake）喜欢敏锐的、未来派的服饰，这些通常来自于最新的面料设计和技术。

## 屠夫的围裙

这位设计师通过研究书籍、查看网络、描绘物体以及走访特殊场合来收集灵感，这里调研的是一个肉类市场。

她的部分灵感来自一位名叫皮纳·约拉肯Pinar Yolakan的艺术家，她用生肉创作作品。这一调研使设计师使用动物躯体的颜色，并且从传统的屠夫围裙上找到灵感和具体想法。

## 设计拓展

以围裙作为起点，这一系列给人一种"箱型的"或者"特大型的"感觉。速写本上的色彩用在了设计中，并且设计师考虑在衣服上使用一种印花。她设计了多层的服装，还采用一些将合体衣服穿在宽松衣服外的手法，内衣也被考虑用作外衣。

## 利用草图簿

草图簿里有你要在设计中实现的所有创意成分。在这里你可以记录每个调研和想法演变的步骤。
- 收集能够对造型、色彩和质地产生的灵感,用于设计。
- 要注意产生的是大量设计的可能性,而不是产生完成品。

**骑马的主题**

一个骑马的主题引导设计师仔细观察皮质马鞍。他花了很多时间观察、画图、给马鞍着色,分析它的各个组成部分。

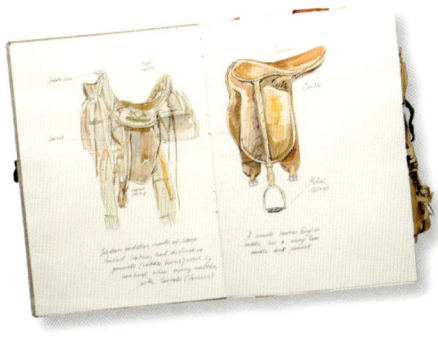

设计师对马鞍进行了解构和重构,放大马鞍的局部使之成为服装的设计灵感来源。服装的一些部位是皮质的,另一些用机织面料做成。从视觉上就能明显地看出调研和设计思想的联系。

### 开始工作

成功的设计是由明确的思想所支持的,因此,任何有抱负的设计师都要做调研。草图簿是收集想法的绝佳方式。这些想法经由绘图、注解、个人解释和调查研究而不断发展,之后才会带入最初设计中,产生最终的衣服。

调研是多层面的、高度个人化的过程。走访艺术馆、博物馆、图书馆、书店——甚至跳蚤市场和旧货市场。观看各种艺术和设计活动以获得灵感,收集尽量多的视觉信息。收集明信片,对感兴趣的物品拍快照,写下注解,并绘制草图,信息越多越好。

学习顶尖设计师的作品发布——他们的标志颜色是什么?试着去判断对他们影响最大的是什么。查阅时尚预测文章,看看有哪些趋势已经显露,一定要记住最好的主题往往是那些最简单的。

*最终的设计是一个有着黑色滚边框架的箱型印花衬衫,马蹄状的领口露出由亮色弹性莱卡制成的内衣。*

设计过程

# 创意板

当你的草图簿收集到一定量的调研成果,就可以考虑编一个灵感创意板,它能帮助你将自己的想法用清晰的、信息丰富的视觉语言组织并呈现出来。

### 找到你的定位

你的目标是传达一个特定的创意,这个创意反映出你调研的关键内容,同时帮助你系统地表述设计主题、概念和方向。利用你的创意板陈列出任何你认为能够启发灵感的视觉形式——明信片、照片、杂志剪贴、图画、优质的彩色图片。记得包括织物和色彩系列（32页）的选择。确定将调研和色彩系列相联系,这样就可以使你的调色板、质地和织物变得清晰。

### 排版正确

创意板是一个参考工具——它的设计必须是激发人的,因为其功能相当于灵感催化剂,激发进一步的设计。这些是服装设计学生制作的创意板。没有任何两个创意板是类似的,并且每个创意板都有自己的独特信息和设计方向。

一个令人激动的、引人注目的排版是创意板成功的关键。如果能够引起兴趣,它会促进进一步的设计感觉和概念的调研,而且还会由此产生更有趣的精美设计。

创意板的尺寸由信息量和排版方式决定。粘贴之前在陈列板上移动每个物品。创意板的信息少胜于多。找到关键图像,不要重复你那些不必要的附加想法。用强力胶水固定粘贴物品,如织物、卡片和照片。

一旦你完成了创意板,把它拿给不知道你的主题或理念的人看。问他们对这些视觉信息的理解。如果他们不用任何提示就能理解,那说明你制作了一个成功的创意板。如果不能,那么你就可能要重新考虑它的内容,想想怎样能够更直接地传达信息。

### 无邪童年

这个创意板的主题是"无邪童年"。这一信息由一组图形传达,其中包括一张老式明信片、花朵、蝴蝶结和织物的色彩系列。蝴蝶结的想法来自明信片,并用印花布在人台上尝试。

### 浪漫

另一个主题是"浪漫"。设计师从18世纪的装束获得灵感,特别注意服装细节的量感和悬垂。面料灵感来自于同一历史时期,在创意板上收集了面料,设计想法也已经开始出现。设计师认真观察织物量感、悬垂和扭转性能。

设计过程

# 设计拓展

从创意板上提取设计思想，将其转换成为服装效果图，这一阶段称作设计拓展。如何实现这一过程没有固定方法。技巧存在于向有兴趣的方向推进理念，使它发展下去。想着你的精选系列服装，你应该着眼于准备大量不同款式，比如不同的长度、廓型、面料、色彩等。记住不是所有的设计都是有效的，这个方法是实现一个成功设计的重要部分。

### 精练你的设计

在设计中，一次完成一至两个想法。比如，可能你想将裁剪精良的长裤和夸张露肩的夹克进行一个组合，或者把简单的衬衫搭配铅笔裙，铅笔裙装饰有夸张的、令人惊奇的底摆。服装设计目标应既要有可穿性，又要体现原创主题。设计进度安排：将最初来自于草稿簿的想法在创意板上体现，直至演变到设计发展阶段，这就是设计过程的组成部分，也是设计思想的发展、转变过程。

想要创造成功的系列设计，所有上衣（夹克、外套、绒衣、羊毛衫、衬衫、上装和T恤）应该能够搭配所有下装（长裤、裙子、短裤）。同样重要的是，每件衣服的细节要均衡。领子的宽度和口袋平衡吗？袖口看起来属于另一件衬衫吗？为了设计好细节，你要对精选系列反复推敲。然而这样你的设计又很容易就过头了，称作"过度设计"，因此你还要对此控制，防止过度设计。

**以孩童的蝴蝶结为设计灵感**

以传统童装的细节作为设计出发点，这位设计师将缎带蝴蝶结用于她的设计中。你能看到蝴蝶结的想法如何变化发展，开始是设计在袖子上，继而被用在衬衫底摆，最后用在衬衫领口上。

**选择面料**

　　这套服装设计的灵感来自于太空旅行和太空服。主要面料是一种蓝灰色粗花呢和一种未来感的银色弹力针织物。设计师把面料披挂在人台上,开始将自己的设计思想表达成一个系列的服装造型。

**细节设计**

　　这位设计师正在设计一个骑马主题的系列。合体的廓型,就像马那么瘦。马鞍上的马镫被设计成整套衣服的关键细节。

设计过程

# 人台试样

如果你有一个人台，还有面料或印花布，那么可以在人台上悬垂不同面料，来设计服装造型。直接在人台上设计服装能让你看得更直观，从人台试样中产生设计想法，琢磨服装的大小尺度，观察不同面料的悬垂效果以及面料成形的三维效果。在人台上，你的所有设计都将成功。

**面料板**

只有在将面料应用于人台试样时，面料的各项性能才能被真正显现出来。

了解面料是成为一个成功设计师的重要环节，任何时候，在开始设计之前，先了解面料的悬垂感、弹性、重量和质地。你的设计是在女体人台上做，当面料在人台上悬垂，你自然会产生有关立体造型的想法。从调研中选取最好的想法尝试，时刻把调研当作向导。每取得一点儿进步都要记录下来，这样你便会汇集成一部设计构思参考书，以便以后使用。

面料的悬挂效果怎么样？

时装设计师对于不同造型和面料在人台上的悬挂效果要非常了解。这种了解会随着你的设计过程而自然发展，最终将设计变成成衣。记住，任何两个人的设计都是不同的，不要害怕你的个性和创意火花出现。努力尝试，成为自己所憧憬的那类设计师，重点考虑那些你希望在最终设计中展现出来的面料和设计。

## 准备工作

资料丰富的设计师从不把任何东西丢掉！保留你的草图簿和创意板，经常研究它们。随身携带针线盒，配有不同的线、大头针和不同型号的针。

**尝试和失败**

人台试样是一个尝试和失败的过程，最好的结果往往会突然产生。准备从人台的各个角度绘图或者拍照，以此记录下你的工作，因为后背和侧面的视角和前面一样重要。

1. 在一个干净、不杂乱的平台上工作，这非常重要，尤其是当你需要抚平面料的时候。

2. 这里，设计师正试图在面料下面使用一层填充物，来创造一种夸张的外形。

3. 进行立体裁剪使用大头针能够帮助你理解面料的强力和可能的弱点，同时产生设计想法。

4. 复杂的工作需要谨慎的态度、时间和思考。当你开始实践自己的想法时，你就会自然而然地不断修改并关注最佳的效果。

设计过程

**完成服装**

有时服装制作需要你回复用手工完成一个细节，才能达到已经呈现出来的效果。

1. 这位设计师几乎完成了他的作品，他决定用手工完成领子，领子是这条裙子的焦点部分。

2. 设计师考虑着黄色蕾丝和白纱底裙的视觉对比效果，他不断调整修改直到满意为止。

3. 这里，设计师改变了领子部位的悬垂规律，并制作细褶。

4. 完成的领子用大头针固定，现在要通过手缝将悬垂效果固定。

## 选择一个人台

人台对服装设计师非常重要。对女性躯体的不断了解，将会提高对成功服装设计的理解以及面料形成服装的方法。

人台号型众多。设计师通常使用10号或12号制作服装系列的衣服样品。人台通常用白棉布包覆表面，里面是一层填充物，以便设计师在需要固定面料的地方插大头针。

有一些特殊人台，比如外套人台，它比一般人台大些，还装有盖肩袖子。可拆卸肩部的人台非常适合制作合体服装，下肢人台适合合体而悬垂感强的裙装或长裤的造型设计。

### 人台的形式

**选择人台？**

选一个符合你需要的人台，这对你非常重要。一个精心购买的人台是你的设计工作的基础，能用几十年。

1. 可拆卸肩部人台

2. 下肢人台

1.

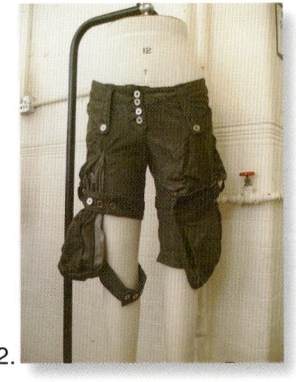

2.

**关注细节**

关注有趣的细节，这时也许你会开始思考：这些细节还能用在其他什么地方，还能变化成什么样。也许由此你产生了领子、折边或者口袋的创意。

设计过程

# 理解比例

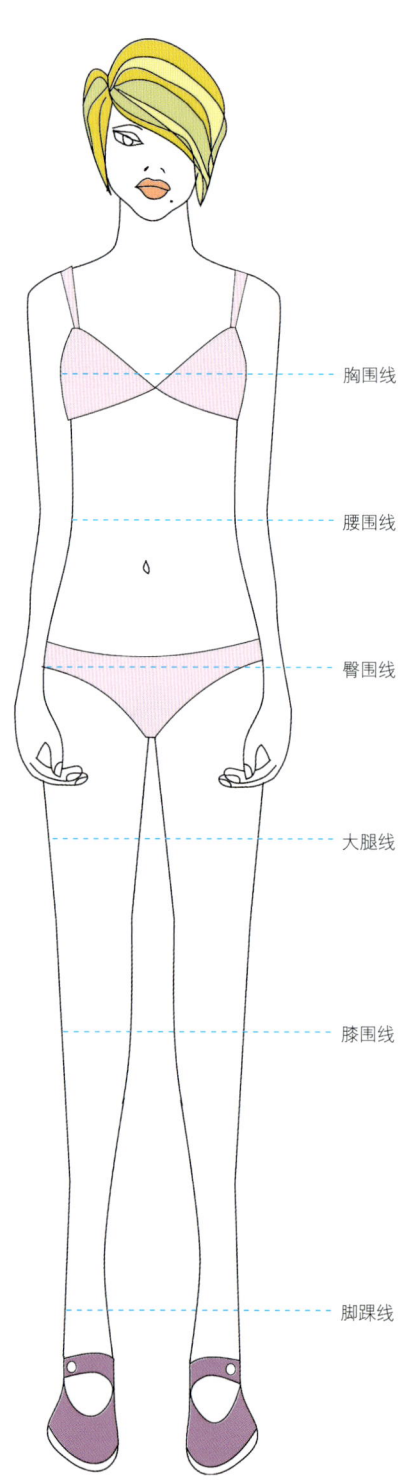

胸围线
腰围线
臀围线
大腿线
膝围线
脚踝线

合体的、满足人体自然形态的服装能够增强人们的自信心，丰富人们的生活。几个世纪以来，女性的自然曲线被不断研究、描绘、赞美，尤其是胸部、腰部、臀部区域。理解女性人体和服装比例是实现服装外观设计的关键。

思考你的设计

服装设计要符合实际，同时还要适合穿着它的女性。大多数女性对自己的身材并不满意，并且希望有所改变。没有任何两个女性的身材完全相同，因此，在你的服装效果图里要提供不同比例的服装，让消费者来选择哪个最适合她们。

你应该经常思考服装的比例和长度，思考服装制作出来以后将如何搭配以及搭配出什么效果。当你刚开始设计并决定服装廓型时，下页的内容能够在比例方面对你做出指导。除非使用弹性面料，否则必须要切实考虑服装的合体分割线条、省道等关键部位的结构设计。

应该满足人们以自己的方式来穿着你设计的服装。也许她们把裙子穿在裤子外面，或者将羊毛衫穿在连衣裙或衬衫外面，又或者将一个及膝长的夹克穿在紧身裤外面。

你要思考不同层次的服装如何互相搭配成套以及系列设计中需要怎样变化比例。你可以改变裙子、长裤、夹克、外套和连衣裙的长度，设计造型丰富的服装系列。

**参考部位**

*女性人体有这些参考部位。你在设计服装时要了解这些部位与服装的关系。一旦服装效果图完成、开始制作服装纸样时，这些部位就变得非常关键。*

**服装比例**

你的服装系列设计应该有着丰富的比例变化。另外，你应该掌握这些长度名称。这些数据模板表示了不同时装分割的比例和长度，它们能够在服装局部尺寸设计方面帮助你。

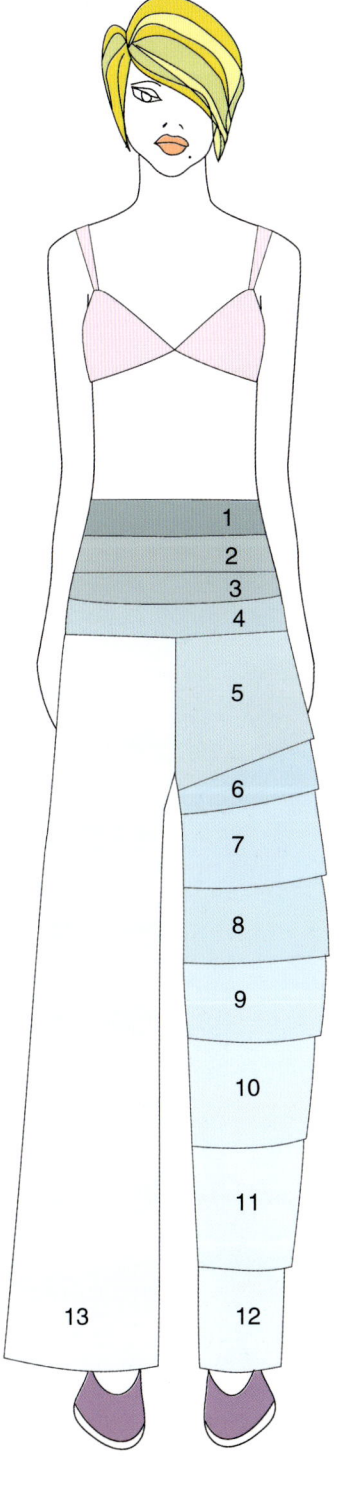

1. 高腰
2. 自然腰
3. 低腰
4. 超低腰
5. 热裤
6. 短裤
7. 船员裤
8. 百慕大式短裤
9. 裙裤
10. 绑腿套裤
11. 紧身长裤
12. 长裤
13. 阔脚裤

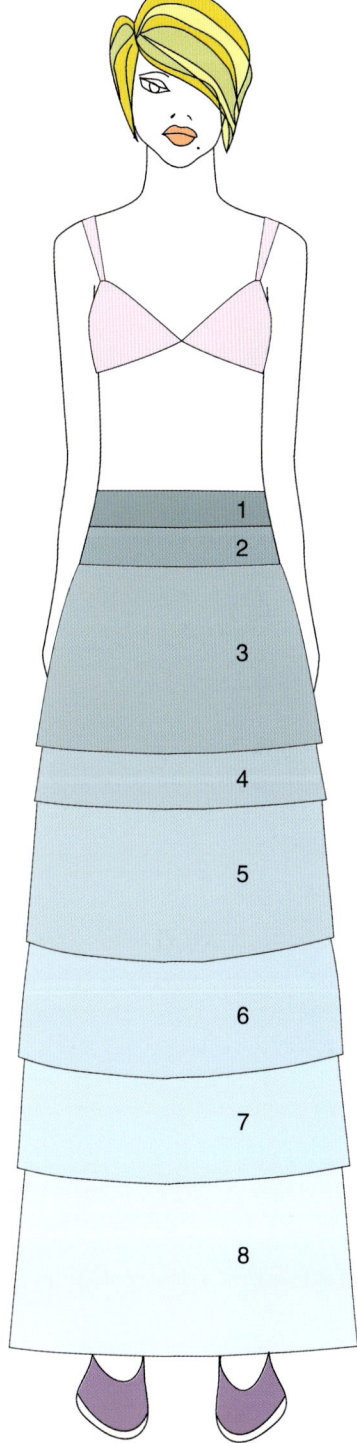

1. 高腰
2. 中腰
3. 极短裙
4. 超短裙
5. 及膝裙
6. 膝下长裙（长及小腿肚的裙子）
7. 中长裙
8. 长裙

# 确定廓型

廓型是指服装穿着在人体上的形状。在今天竞争激烈的时装世界里，每个服装公司都花费大量时间、金钱以及创造性的努力，力图开发鲜明的服装廓型，从而使得他们的系列服装更突出，以此迅速吸引人们的视线。

你的学习可以从认识现在流行什么服装廓型开始。观察人们穿什么，分析流行的比例是什么。在这项视觉性的结构设计中，能够培养你的设计能力，使你根据调研、创意板的内容以及所选面料来设计廓型。

一般来说，廓型的变化较缓慢，几十年不变，而且有很多外部因素影响着它的变化。因此，只有了解廓型变化的历史，才能够创造新廓型。每位设计师都应该了解女装廓型的历史，并且要经常参考过去的廓型。有良好的历史洞察力能够帮助你了解当今的流行趋势，拥有更深层的创新能力，并且在你描述自己的作品时有更有利的论据。

以下内容是20世纪女装廓型的回顾。作为创造性思维的一部分，你应当学习历史上的经典服装造型。

## 一个世纪的服装廓型变化
## (1900～2000年)

20世纪，廓型经历了一个不断翻新的过程，让我们详细查看过去每十年影响廓型变化的理念和因素。

### 1900年代的服装廓型

**时间**：维多利亚时期是1900～1914年，被称作"奢华年代"。这一时期的时尚规则是严格和拘谨的。不服从这些规则可能被社会排斥，因为服装代表着一个人的年龄、地位、社会阶层等重要信息。

**廓型**：在这个时期，穿着紧身胸衣的女装廓型是S型或沙漏型，紧身胸衣包括纤细的腰部和与之相连的胸部，并与浑圆的臀部相平衡。如果臀部曲线不明显，就要在裙子下面增加一个臀垫作为支撑。

**配件**：小脚很流行，女性故意穿上小几号的鞋子，甚至有些对时尚狂热的人把脚趾骨切除，使脚显得更娇小。

装饰性的头饰

带臀垫的紧身胸衣

宽边圆顶帽

### 1910年代的服装廓型

**时间**：1914年，第一次世界大战爆发，这十年发生了巨变。动力机车的发明，女权运动，越来越多的女性外出工作，越来越强烈的社会经济独立意识，这些都意味着束缚身体的紧身胸衣已经不再适合新的生活方式。战争也促使人们少些浮华度日。

**代表人物**：法国设计师保罗·波烈(Paul Poirot)设计出更舒适的廓型，并引领潮流。

**廓型**：受中东式长裙和伊斯兰裙的影响，波烈创造出蹒跚裙。尽管这种裙子比紧身胸衣容易穿着，但是它的底摆非常窄，给行走带来困难。后来，底摆升高了1～2英寸（1英寸≈2.54cm），由蹒跚型变为可穿性更强的喇叭型，其中一些还打褶或者层层重叠，与柔软圆润的肩部相协调。

**配件**：服装搭配很大的宽边圆顶帽，共同构成这一时期的廓型。

长及脚踝的裙子

窄肩

### 1930年代的服装廓型

**时间**：20世纪30年代，世界性的经济衰退和华尔街破产引发了人们大规模失业，最终演变成了历史上有名的世界经济大萧条。巴黎的时尚界也承受了惊人的商业损失。其中很多公司试图打破价格标签，推出更便宜、更普及的产品线。

细腰

**廓型**：流畅的、没型的20世纪廓型被更柔和的、更女性化的廓型所代替，这一廓型强调曲线，腰线回到了自然位置。历史上第一次出现了裙子长度在一天中因时间不同而变化。连衣裙的盖肩袖很短，因此披肩被广泛使用。女性工作繁忙，这些实用的、多功能的穿着方式和时尚意识反映了新的生活方式。合体的服装依然受欢迎，搭配空前短的滑冰裙和短裤，在公众场合穿着。

优雅的喇叭型

### 1920年代的服装廓型

**时间**：在喧嚣的20世纪，一个被称作"男孩子式"的新廓型出现了。

**代表人物**：引领这一潮流的设计师是法国设计师可可·夏奈尔(CoCo Chanel)和让·帕图(Jean Patou)。

**廓型**：这一时期廓型是平胸、平臀、宽肩、低腰。这一时期的大多时候裙子长度刚及小腿，有手帕式的或不对称的下摆，使得更短的款式得以出现。这一简单廓型让家庭制作服装可以模仿流行款式，时尚变得很容易做到，而不只是有钱人的特权。

**配件**：很短的、男孩子式发式的伊顿短发，钟形女帽。

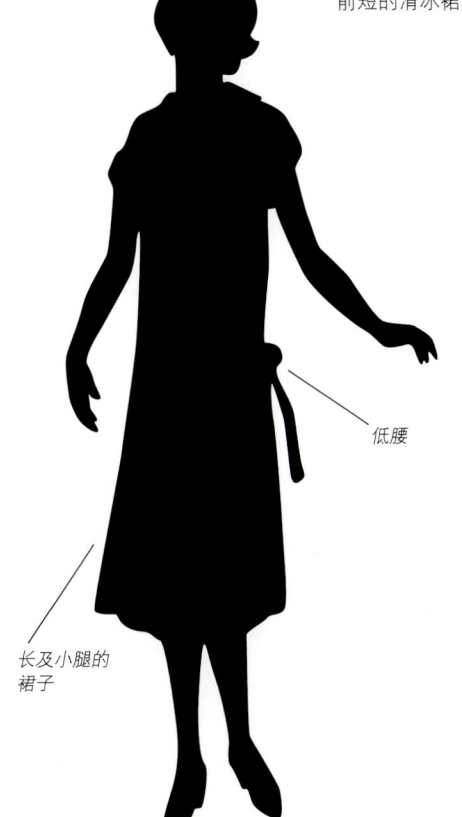

低腰

长及小腿的裙子

## 设计过程

### 1940年代的服装廓型

**时间：** 随着第二次世界大战的爆发，欧洲的纺织工业被迫转向军需生产。巴黎与世隔绝，失去了世界时尚中心的地位，很多本土设计师逃往纽约和伦敦。战争岁月里，游手好闲被认为是不爱国的，服装出现了前所未有的功能化。很多妇女开始在军队服务，其余的则维持家庭。

"缝缝补补又一年"是战时名言；新纺织品的缺乏让女性更富有创意和策略。如枕头套改成短裤，窗帘做成连衣裙，毯子重新利用做成外套。总之，不浪费任何东西。

**代表人物：** 战争在1945年结束，两年后，法国设计师克里斯汀·迪奥(Christian Dior)发布了他的"新外观"。英国和美国政府谴责这款服装过于浪费材料，不鼓励群众穿着这么奢侈的服装。然而，这场表演，宣告了一个革命性的廓型来临。

**廓型：** 20世纪40年代廓型是军装外观，厚厚的垫肩形成了方形肩部，搭配实用的及膝裙。

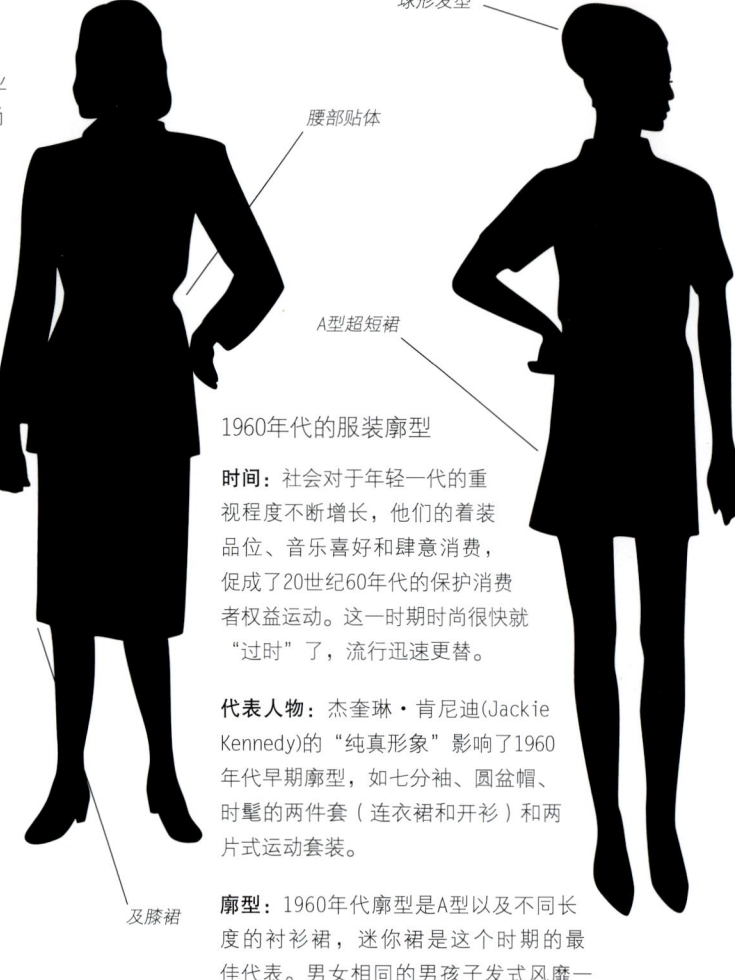

### 1960年代的服装廓型

**时间：** 社会对于年轻一代的重视程度不断增长，他们的着装品位、音乐喜好和肆意消费，促成了20世纪60年代的保护消费者权益运动。这一时期时尚很快就"过时"了，流行迅速更替。

**代表人物：** 杰奎琳·肯尼迪(Jackie Kennedy)的"纯真形象"影响了1960年代早期廓型，如七分袖、圆盆帽、时髦的两件套（连衣裙和开衫）和两片式运动套装。

**廓型：** 1960年代廓型是A型以及不同长度的衬衫裙，迷你裙是这个时期的最佳代表。男女相同的男孩子发式风靡一时，名模崔姬是这一流行的代表。流行的发型非常短，剪成球型。

### 1950年代的服装廓型

**时间：** 20世纪50年代，巴黎重新获得世界"时尚之都"的桂冠。

**廓型：** 战后，提倡妇女做家庭主妇，女性穿着紧身上衣和宽下摆裙或者箱型的合体夹克搭配铅笔裙。出于对女性魅力的长期渴望，新的廓型产生了。美丽的1950年代廓型的典型标志是柔软的宽肩、带有胸衣的细腰和丰满的臀部。出于对巴黎最新时装的渴望，服装零售业不断提高仿制时装的质量，因此，高级成衣业变得前所未有的重要。这十年标志着年轻文化和消费社会的开端，成为重要的社会现象之一。

## 1970年代的服装廓型

**时间**：20世纪70年代宣告了妇女解放运动和权利（包括义务）运动的开始。旅游的大量增加使时尚全球化，来自世界各地的影响都有可能冲击时尚领域。例如，土耳其长袍、和服式晨衣、耶拉巴斗篷（带尖帽的摩洛哥斗篷）以及来自印度次大陆和非洲的服装款式被转变成长裙和其他舒适的服装。来自全球的服装技巧，如流苏花边、钩编花边开始流行。

**廓型**：1970年代廓型是更为轻松的、修长型的。例如，采用浪漫的飘逸面料；乡村风格的套头衫的下摆呈喇叭型，离开了身体，摇曳摆动，隐藏了腰部线条；喇叭裤搭配厚底鞋。发型是轻微的卷发。次文化现象、疯狂的摇滚乐和迪斯科也代表了70年代的时尚。

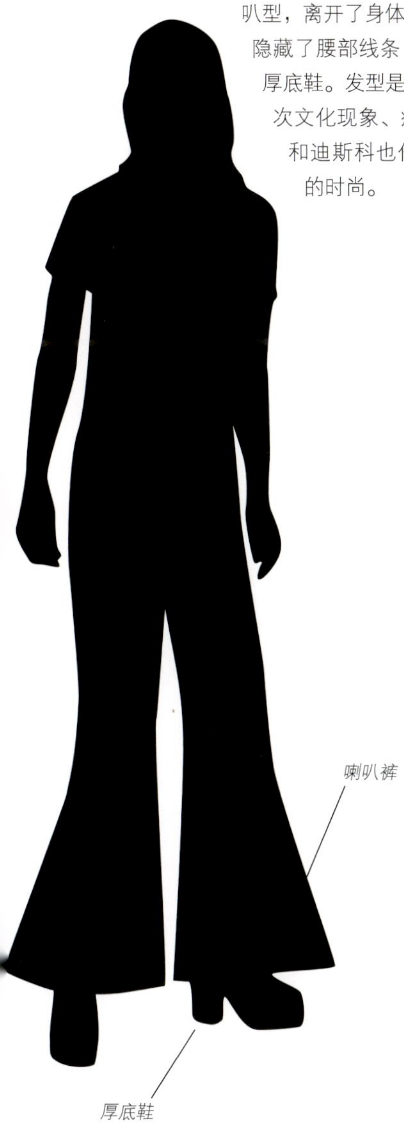

## 1980年代的服装廓型

**时间**：这十年是经济繁荣、过剩、消费保护主义的十年。设计师品牌和高档汽车是炫耀财富和成功的方式，一个表现良好的股票市场意味着有人可以一夜暴富。此时，在一些工作岗位上，女性穿着强势，与男性公平竞争。她们需要生活的一切——成功的事业、平等的社会地位和幸福的家庭。

最新的流行是健美操和健康课程，尤其流行穿着护腿、穿着名牌运动服的运动形象。

**廓型**：女装廓型被巨大的、军装式的垫肩所统治，过大的、丰富多彩的珠宝，宽腰带，膝上窄裙和带有匕首跟的尖头鞋。

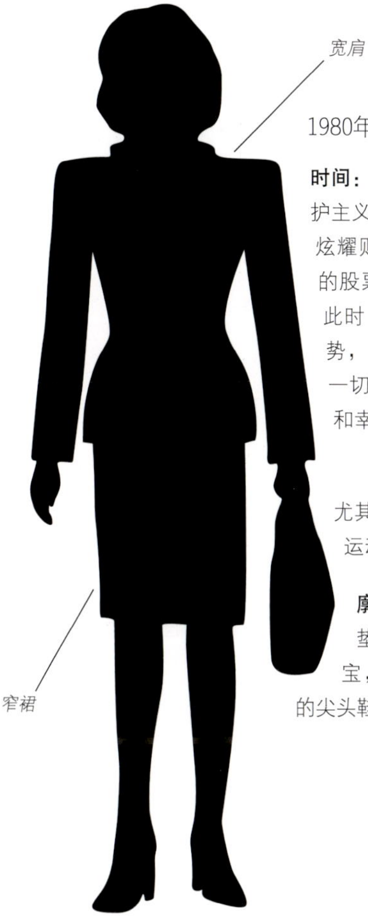

宽肩

窄裙

## 1990年代的服装廓型

**时间**：20世纪90年代流行"少就是多"。在物质过剩的80年代之后，开始减少、被称作"极少主义"的形式。随着网络的出现，时尚开始全球化，少了垄断，多了选择，人们可以自由选择自己喜欢的衣服。时装更易仿制，经常在商场打折销售。消费者消费更加理性，要求更高，选择就是一切。

**廓型**：尽管1990年代没有占绝对优势的廓型，但是有一种廓型非常流行，那就是时髦的、性感的两件式裤套装。长裤搭配简单的窄肩衬衫，再加上少量突出的饰品。

窄肩

喇叭裤

厚底鞋

29

设计过程

# 选择色彩

时装设计有秋/冬和春/夏两季设计。一般来说，秋/冬时装倾向于深色、暗色，当然，这不是铁的规则。你选择什么面料和色彩很大程度上取决于季节以及你的个人偏好。当你选择面料时，可以查找面料手册（124~137页），以便做出正确决定。

### 色彩的力量

创意过程的一个重要部分是选择颜色。颜色能够引起人们的强烈感应。可以说，颜色深深扎根于我们的心理感应中。因为我们在语言中经常用颜色来描述、比喻感觉，如"脸都绿了"、"面色铁青"等。

在不同文化中，颜色有不同含义。在西方文化中，黑色是负面意义的，与死亡、沮丧联系在一起。但是在印度和非洲的大部分地区，哀悼的颜色是白色。在西方时尚中，黑色是时尚的、时髦的色彩选择——术语"新黑色"经常运用，不管那一季流行什么。

**色彩样本**
色卡或许能帮助你找到和谐的色彩组合。

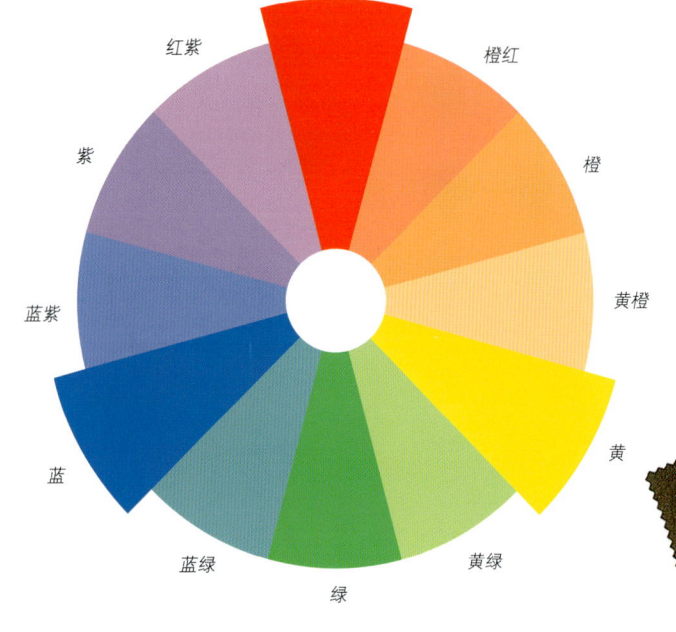

### 配色

色相环是学习配色的出色工具，红色和绿色是补色，在色相环上相对的位置。绿色和蓝色是类似色，在相邻的位置。红色、橙色和黄色刺激感觉器官，并倾向于"暖"的感觉——能产生兴奋刺激感觉，有愉快、健康、攻击的感觉。而它们对面的色彩——蓝色、绿色被看做"冷"的色彩，有冷静、和平、安全和沮丧之感。

**设计可视化**
对比面料小样能够帮助你清晰地找到最佳色彩搭配。

## 色彩的意义

色彩能够引起人的强烈情感反应。颜色有标志性的意义，这些意义因文化和经历的不同而有所差别。尽管色彩的意义不同，但一些特定的颜色仍然有某些世界共有的特征。

### 红色
红色与火焰相联系，有强烈的、有活力的、前进、攻击的特征。它的正面意义是爱、性感、节日和幸运，而它的负面意义有恶魔、罪过、革命和危险。

### 绿色
绿色与春天、年轻、自然环境相联系，给人一种冷静的感觉。据说绿蓝色是色彩中最冷的颜色。绿色也有不好的意义，如妒忌、厌恶、毒药和腐烂。

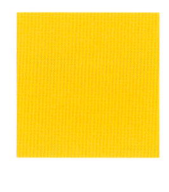

### 黄色
黄色与太阳、阳光相联系，尽管也有疾病（黄疸病）和胆怯的意义，它仍然主要是一种欢乐的色彩，使人联想到阳光、黄金和希望。

### 蓝色
蓝色与天空、水、明亮相联系，蓝色的清晰、冷的、透明的特质使它有脱俗、和平、冷淡的意义。蓝色也有另一面意义，是沮丧、寒冷、内向的代名词。

## 季节性的色彩

流行趋势是针对春/夏和秋/冬两季的服装设计。颜色总是按照季节成组搭配——这些颜色组展示了这一季最流行的色彩。秋/冬季的流行色一般包括黑色、灰色、深蓝色、绿色、红色、暗彩虹色、金色、紫色、草绿色、中性色。春/夏季的常用色有浅色、亮黄色、红色、蓝色、调和的霓虹灯亮色、银色、粉红色、白色。

### 鲜明色
在春/夏和秋/冬系列里都有红色。这个颜色是外向的，它很大胆，吸引人们的眼球，还有着强烈的感官特征——感性、性感。

### 对比色
这件连衣裙的对比色用得很好。黄色是明亮、欢快的，整个服装外观大胆、视觉愉悦。

### 中性色
中性色不会引人注意。这里，浅色在视觉上减弱了褶皱上衣的复杂装饰。

设计过程

# 形成你的色彩组合

"色彩组合"是指根据调研设计一组有关明度、色调和色相的色彩。查阅时尚杂志,思考设计师们是如何运用色彩的——为什么一些人在色彩组合上更为成功?

确认你的设计中的"倾向",让它引导你的色彩选择。将草图簿上的信息和想法进行编辑,会逐步产生你需要的色彩组合方式,将它用到服装系列设计中。

**创意板**

　　设计师收集了很多受调研启发的面料,这些调研包括涂鸦、一些鲜艳的颜色、霓虹灯的颜色、运动的闪光物体等。

**设计图**

　　最终的设计连同面料样品一起展示出来,包括两件衣服的正面图和背面图,也称作"平面款式图"。

**裤子设计**

这些裤子设计与最初的调研想法一致,包括小块亮色色块被白色背景衬托。裤子将会衬托,而不是压倒上衣的色彩。

**大小就是一切**

记住:小样上或者在一小块色卡上的色彩和图案与在一大块面料上是不一样的,不能用同样的设计传达方法。如果你能在实际尺寸上或服装局部上看到色彩和图案,才能真实地估计它们的设计效果。想真实地检验你的色彩设计,就需要重新设计色彩组合,可以使用其他参考颜色,或者将颜色调和,与原来的设计直接对比。

观察色彩的平衡和变换对服装廓型的影响以及对系列设计中大多数服装的影响。例如,深色下装搭配浅色上装,与相反穿法有着完全不同的效果。一般来说,黑色显瘦而白色显胖。

**上装**

这是一个调和色彩的例子,在这件造型复杂的弹性莱卡上衣上,亮色只用于条形装饰。

事先调研能让你找到需要的色彩组合。也许你有不止一个色彩设计想法,哪一个最能反映你的核心理念,就选用哪一个。一个设计完成稿约有8~20套服装,这就要求你的色彩设计有至少10~15种颜色。

带着你的色彩设计去面料市场,与面料的颜色进行对比。也许你已经决定了要用哪个色彩,但是记住,一定是调研指导下的色彩。

设计过程

# 整个过程

设计过程被分解为若干步骤,从寻找灵感开始,调研,产生创意板,设计拓展,人台试样,理解比例,设计廓型和色彩。整个过程引导着你的思考和行动,但是记住,任何两个设计师的工作方法都是不同的。一旦你获得了自信,就会找到适合自己的方法。

**关键图片**

这一设计的灵感来源是一位摩托车手的全套服饰,称作"摩托车手的皮衣"。

摩托车手的皮衣是用来保护车手在遇到危险时防止受到伤害。设计师发现了一张正在表演特技的车手图片。她对图片加以分析,吸取了服装结构、合体度、防护性、服装曲线等灵感。

**从开始到结束**

这里我们跟随一位设计师的设计过程,看他如何从一开始的调研和设计,一直到最终完成服装的制作。

正如设计师本人陈述:你的每套服装系列之间应该是可以互相交换搭配的,这样服装一套套陈列在一起时才会和谐并且实用。面料选择也极为重要,因为你的面料和色彩组合必须在视觉上和谐,成为一个整体。

**面料板**

调研想法启发了设计师,她收集了一系列弹性面料和机织物。设计师开始思考服装的色彩组合和面料组合的相配性。这个面料板的展示使她在设计时看到实际的面料。

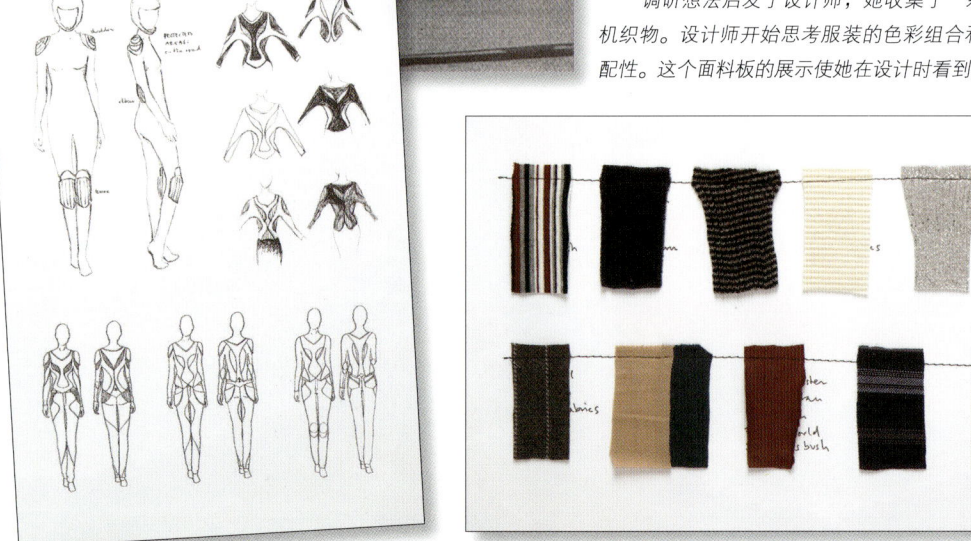

**最初的想法**

设计师仔细分析灵感来源,在这张纸上开始探索最初的设计想法。

## 设计拓展

在设计拓展阶段,设计师从摩托车手服装的曲线和线条中得到灵感,开始将这些灵感应用于女装系列设计中。服装廓型瘦而合体,直接来自调研资料。设计想法试了一个又一个,渐渐改变、演化。设计师把她的想法应用于女性的各类服装系列,从夹克到连衣裙、长裤、裙子。

**1.** 设计师从调研得到灵感,设计合体廓型。她设计了曲线型的紧身衣和盖肩袖。受灵感启发,长裤两侧有防护片。

**2.** 紧身衣和裤子的分割进行了调整。去掉了裤子的防护片,保留裤长。紧身衣前片细节也进行了改动。

**3.** 上衣加了长袖。奶油色弹性面料突出地用在上装前片最明显的位置。简化了裤子设计,并增加护膝细节。

**4.** 调整上装的色彩组合与平衡。放低领口,用灰色弱化领口线。紧身衣有大量细节设计,但依旧合体。裤子有侧口袋和护膝。

**5.** 设计师希望平衡设计系列,因此增加一款连衣裙。连衣裙的上身和其他款式一样,为曲线分割的合体款式,还有新设计的打褶下摆。廓型依然是合体瘦身的。

**6.** 一块机织物用来做两件式裤套装,其曲线和分割明显来自摩托车手皮衣的灵感。衬衫采用纽扣尖领,腋下有侧缝,前片有明线设计。

**7.** 这款机织物制作的两件裤套装的特点是:强调胸部和臀部的曲线设计。

**8.** 弹性针织面料再次出现。整套服装被简化了,设计师考虑用最少的线条得到最鲜明的效果。

**9.** 机织物与弹力织物混合搭配,从这套服装可以看出设计师的思路更进一步了。紧身衣上的半圆线与裤子上的类似线条互相呼应和平衡。

**10.** 这个款式变化了领型,设计特点是线条变化,这套服装与主题吻合,与其他几款相谐调。

设计过程

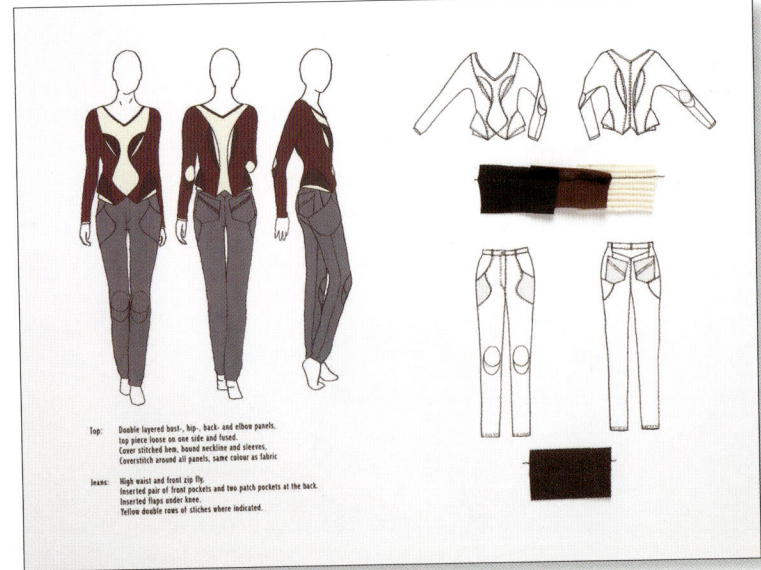

### 最终展示页

最终展示页包括了全套服装的所有信息。包括面料小样，服装正面、背面、侧面效果图，每件衣服的平面图或款式说明图。

设计属于个人的诠释和视角。没有死板的规则告诉你如何进行设计。尝试上述的每个阶段的指导建议，记住：一旦你有了足够的经验和信心，就要给自己必要的自由空间去探索和打破规则。

拼接并开缝以便给予胳膊活动空间

肘部拼接起保护作用，使窄瘦的袖子增加了舒适度

### 后视图

设计师综合考虑了服装各个部分，后背的设计与正面相呼应

V型后领，与曲线形成对比

**前视图**

最终完成了挑选出的服装款式。从完成作品中可以很明显地看到最初的灵感。同时，设计师避免僵化的借鉴灵感，她的想法和设计在整个设计过程中不断分析和加工，最终，她创造出了成功的、可穿的服装作品。

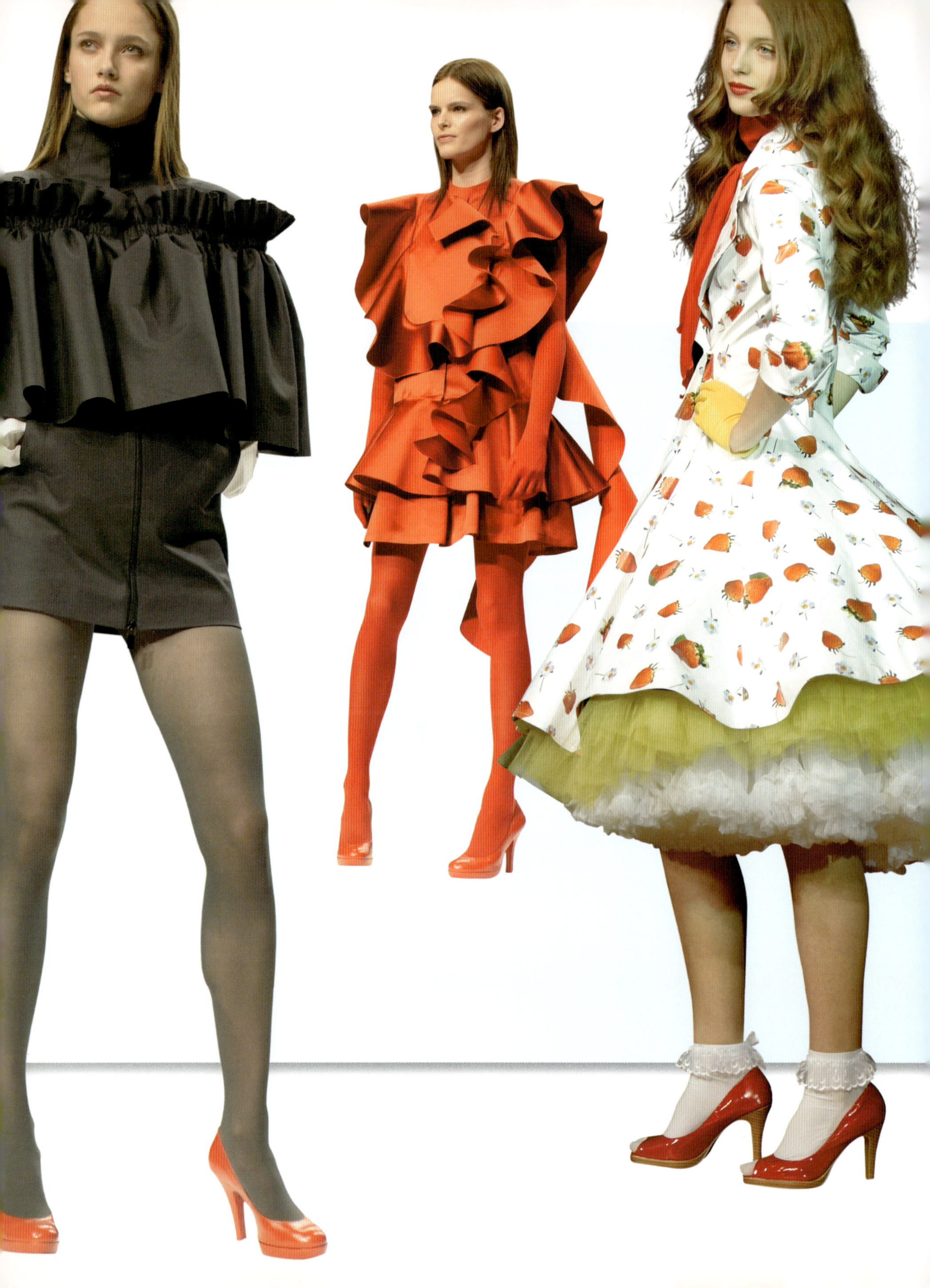

## 第二章
# 造型手册

造型手册是服装造型和细节设计的巨大资源。这一章会让你了解各种服装细节的名称和造型,并且提供了设计范例,你可以看到这些细节用在实际服装上的视觉效果。

# 1 袖子

服装设计的一个基本要素就是知道服装各部位的正确名称。在这两页里你能看到各种经典袖型的通用名称以及每款袖子外观的详细说明。这些知识能够帮助你进行袖子造型的调研,以便决定在设计中需要何种款式的袖子。

袖子是上装设计的基本组成部分,有时甚至是设计好坏的决定因素。当袖子与服装其他部分相协调,它就成为一个整体设计的组成部分,因此选择适合的袖子款式是一项基础工作——在下面几页里你能看到大量的袖子款式变化。袖子包裹着手臂,因此一个好的袖子设计需要结合功能性、耐用性、舒适性和美观性为一体。

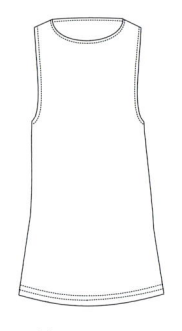

**无袖**
无袖设计通常在夏天使用,而且经常在T恤的设计中见到。

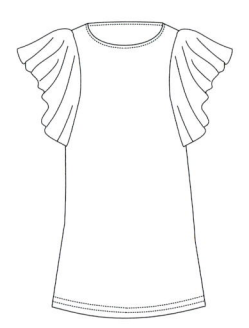

**荷叶袖**
荷叶袖有着有趣的、夏天的感觉。用悬垂感好的面料制作荷叶袖效果较好,如雪纺和绉纱。

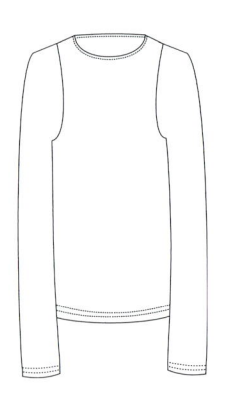

**装袖**
装袖是服装设计中最流行的袖型,几乎适合所有款式和面料。这种多用途袖子有非常多的用法。

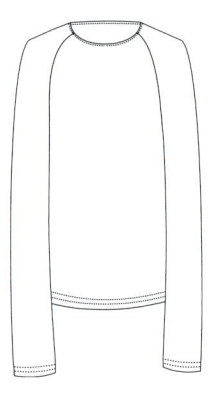

**连袖**
在运动服和针织服装中常见到连袖。连袖使肩线看起来柔和、浑圆。这一款式也可用于机织物服装。

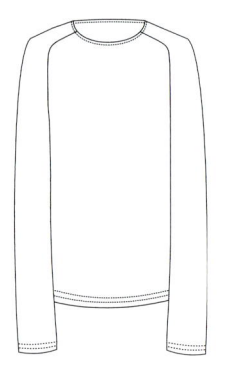

**马鞍袖**
马鞍袖是连袖的变化款式之一,它保持着浑圆的肩型,而且更加舒适、合体。肩头部分看起来是方形的。马鞍袖可用于全成型针织品。

**落肩袖**
在休闲装中,如厚型运动衫中常见到落肩袖。这一款式在机织物服装上也可使用,多用于外套和夹克。

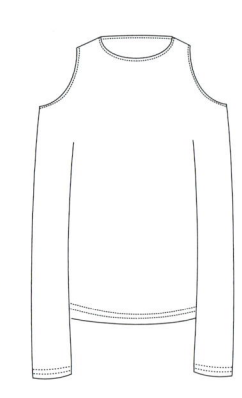

**露肩袖**
露肩袖强调女性最具诱惑力的部位之一——肩部,它为突出肩部提供了框架。选择稳定性好的面料才能取得最好的效果。

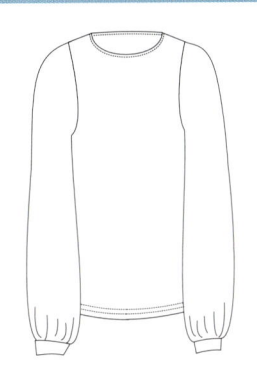

### 灯笼袖
灯笼袖有着装袖的袖窿,并从上至下随着长度增加,袖子逐渐变肥,袖口打褶收紧。

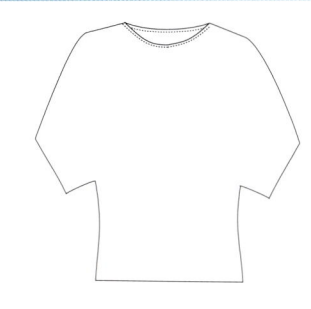

### 德尔曼袖
德尔曼袖起源于匈牙利的马扎尔人,那里的农民穿着的服装是这种袖子。与蝙蝠袖一样,德尔曼袖有着宽大的袖窿,袖片从衣身裁剪出来,并形成较窄的袖口。

### 束带袖
束带袖有一种浪漫的感觉,上臂的宽袖用束带或松紧带打褶收紧,下面的袖子垂散下来。

### 喇叭袖
喇叭袖产生于19世纪后半叶,它的袖山部分与普通装袖相同,从袖山以下向袖口处越来越宽,并形成喇叭状。

### 开衩袖
开衩袖及其各种变化款式曾流行于20世纪70年代。一款简单的袖子加上开衩设计,就使袖口呈现出喇叭型。

### 蝙蝠袖
蝙蝠袖曾流行于20世纪30年代和80年代。其设计没有腋下部分,因此产生一个即深又宽的袖窿,从腰部直到手腕。

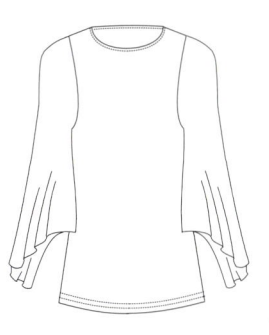

### 羊腿袖
最早的羊腿袖设计要追溯到1824年,在袖山部位有着丰满的打褶和隆起,然后向袖口处越来越窄。

### 盖肩袖
盖肩袖在肩部最上端有一小片袖山。这种款式常用于气候温暖的夏季服装。

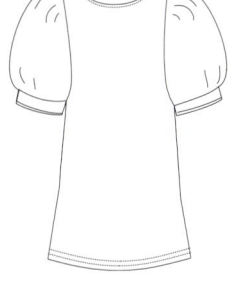

### 泡泡袖
泡泡袖有着年轻化的外观,在童装或少女装中常见。泡泡袖的长度可长可短。

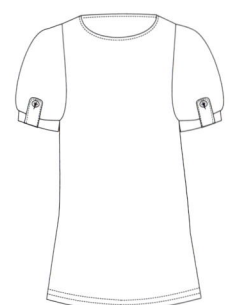

### 可调节袖
可调节袖可以为长袖,也可以为短袖。功能性的扣襻用来调节袖子长度。

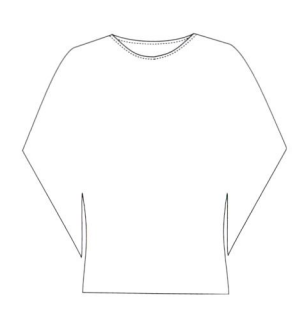

### 和服袖
和服袖是一种宽大的袖子。就像传统的日本和服,袖子与服装的前后身连片裁剪,在腋下和肩顶端缝合。

## 外套和夹克·袖子

外衣袖子可以在款式和长度上进行变化，并且通常用稍厚的面料制作。在袖子设计中，功能是首先考虑因素。

| | | | |
|---|---|---|---|
| 薄型机织物 | 厚型机织物 | 薄型机织物·弹性织物 | 薄型机织物 |
| 厚型机织物·薄型机织物 | 厚型机织物 | 薄型机织物 | 薄型机织物 |
| 厚型机织物·薄型机织物 | 厚型机织物 | 厚型机织物·薄型机织物 | 厚型机织物 |

42

当你进行外套的袖子设计时,需要考虑到袖型设计的多种可能性,以下的照片展示了这些。推敲袖子的长度、面料、服装合体度以及各元素的协调性。

1. 落肩袖

   一款飘逸的落肩袖,采用厚型机织面料制作,搭配领子和颇具严肃感的前身。

2. 开衩袖

   一款开衩袖夹克,腰部采用性感贴身的缠绕式门襟。

3. 落肩袖

   一款七分宽松落肩袖服装,使用中厚型面料制作。

4. 装袖

   一款五分装袖夹克,搭配同料连衣裙。

5. 装袖

   一款合体装袖套装,采用垫肩,腰身贴体,全新演绎了20世纪80年代的外观。

6. 开衩袖

   一款及膝长皮装,采用宽松开衩袖设计。

7. 装袖

   一款优雅的装袖双前片夹克,采用中厚面料制作。

造型手册

# 外套和夹克·袖子（续）

| | | | |
|---|---|---|---|
| 弹性织物 | 薄型机织物 | 厚型机织物·薄型机织物 | 弹性面料·轻薄面料 |
| 厚型机织物·弹性织物 | 厚型机织物 | 厚型机织物 | 厚型机织物 |
| 厚型机织物·薄型机织物 | 弹性织物 | 厚型机织物 | 厚型机织物 |

1. 落肩袖
    一款有着夸张的落肩袖的宽松夹克。

2. 褶裥开衩袖
    一个具有创意的袖子，褶裥延伸到袖子，产生了戏剧性的效果。

3. 连袖
    一款连袖夹克，带垫肩的肩部丰满浑圆。

4. 合体落肩袖
    传统的风雨衣，通过服装的细节和比例而有所创新。

5. 连袖
    一款宽松外套，采用连袖和翻折袖口。

6. 落肩袖
    一款实用的落肩袖夹克。

7. 盖肩袖夹克
    一款深色羊毛面料制作的盖肩袖夹克，富有戏剧性。

8. 喇叭袖
    喇叭袖增加了体积感，也为这款简单的外套增加了趣味。

## 上衣·长袖

长袖上衣是衣柜里的主要服装，并且很容易受潮流的影响。袖子要与服装其余部分完美协调。

| | |
|---|---|
| 薄型机织物 | 薄型机织物 |
| 薄型机织物·弹性织物 | 透孔织物·轻薄织物 |
| 轻薄织物 | 弹性织物·轻薄织物 |
| 厚型机织物 | 薄型机织物·弹性织物 |
| 弹性织物 | 薄型机织物·弹性织物 |
| 弹性织物 | 弹性织物 |

这些精选出来的袖子能够使你对销售预期有所启发。考虑你所选的面料的设计可能性和局限性。在脑子里设计服装整体，并想象其完成的效果。

1. 灯笼袖

    灯笼袖袖口打褶收紧，上面覆盖着夸张的斗篷设计。

2. 装袖

    这件晚礼服上装采用了装袖设计，运用透明织物制作，袖口上的层叠的细节设计带来浪漫感觉。

3. 灯笼袖

    这款服装用中厚型机织物制作，落肩的灯笼袖袖口十分飘逸。

4. 合体型德尔曼袖

    这款紧身合体的德尔曼袖上衣灵感来自20世纪80年代，夸张的垫肩造型，用棉针织布制作。

5. 马鞍袖

    弹力面料上装，七分马鞍袖的袖口有很小的开衩。

6. 灯笼袖

    这款服装采用宽松型灯笼袖，在手腕处抽褶，所使用的中厚型机织物悬垂感非常好。

## 上衣·短袖和无袖

短袖上衣常用中厚型、轻薄型或者弹性面料。考虑设计一款有趣的低领、女性味道十足的袖子，或者面料对比鲜明和艳丽色彩组合的服装。

| | | | |
|---|---|---|---|
| 薄型机织物·轻薄织物 | 弹性织物·轻薄织物 | 弹性织物 | 轻薄织物 |
| 弹性织物·轻薄织物 | 弹性织物·轻薄织物 | 弹性织物·轻薄织物 | 弹性织物 |
| 弹性织物·轻薄织物 | 弹性织物 | 薄型机织物 | 弹性织物 |

上衣设计要体现来自调研的影响，要与整套服装相协调，与整个系列服装相协调。你需要考虑服装细节间的平衡，不要在细节上做过头了。记住，少就是多。

1. **无袖上衣**
   此款服装的灵感来源于历史题材，引人注目的领口设计与服装底边相呼应。

2. **荷叶袖**
   双层荷叶短袖衫，外穿围裙式短上衣。

3. **盖肩袖**
   定型制作的垫肩形成了夸张的盖肩袖，成就此款上衣引人注目的外观。

4. **荷叶袖**
   敞领和有趣的荷叶袖使这款上衣富有女性的魅力。

5. **落肩袖**
   透明质地的落肩短袖朴素而有韵味，弥补了过于简单的圆领设计。

6. **德尔曼袖**
   讨人喜欢的深V领与合体的腰部造型，再搭配半长的德尔曼袖。

7. **落肩盖肩袖**
   这款宽松的A型上装用飘逸的轻薄材质制作，袖子设计成落肩线的盖肩袖。

8. **荷叶袖**
   小荷叶袖搭配A型衣身，衣身上的轻质面料层层叠叠，丰满宽松。

9. **超大号泡泡袖带翻折边**
   硬挺的中厚面料实现了这款戏剧性的设计——常见的泡泡袖采用超大号设计。

10. **和服袖**
    半长和服袖，搭配悬垂感良好的面料，非常适合这套轮廓鲜明的服装。

## 连衣裙·袖子

　　连衣裙的袖子变化很多，兼具功能性。考虑连衣裙其余部位的设计情况，想想怎样才能让袖子设计与全身协调。

| | |
|---|---|
| 薄型机织物·弹性织物 | 薄型机织物·弹性织物 |
| 薄型机织物·弹性织物 | 薄型机织物·弹性织物 |
| 薄型机织物 | 薄型机织物·弹性织物 |
| 薄型机织物·轻薄织物 | 薄型机织物 |

连衣裙袖子可以在长度和款式上进行变化。设计时要考虑穿着场合，如白天穿或晚上穿，还是工作时穿。袖子造型要能够与系列设计中的其他款式服装相协调。

1. **侧开口装袖**
   一款正式的衬衫袖因内侧的开口而增加了诱惑力。

2. **落肩灯笼袖**
   悬垂的面料为这款简洁的连衣裙增加了立体感，采用落肩袖设计，袖口处打褶收紧。

3. **露肩袖**
   这款戏剧性的袖子剪切掉肩部，裸露出双肩。

4. **德尔曼袖**
   这是连衣裙的变化款式，设计简洁，这种风格也体现在宽松的袖口上。

5. **半长蝙蝠袖**
   这款连衣裙的灵感来自20世纪40年代，半长的蝙蝠袖连接垂坠领，产生了引人注目的外观效果。

6. **打褶七分袖**
   简洁的连衣裙用图案加以弥补，图案也是这款日间服装的特点所在。

7. **荷叶袖**
   黑色透明质地的连衣裙，透明的袖子吸引人们的眼球，袖子的褶皱连同胸前的褶皱一同形成领子的框架。

8. **马鞍袖**
   黑色滚边使得服装的主要结构线突出、鲜明，并成为这款日间裙装的一种图案式的外观。

9. **合体装袖**
   这款正式的连衣裙通过合体的七分袖，完成了整个服装造型，袖口的阶梯状细节与裙底摆相呼应。

## 针织衫·袖子

　　针织线有各种不同的细度,再加上针法种类繁多,织物的质地各不相同,这些因素的叠加而产生出数量庞大的针织衫袖子风格和款式设计。

| | |
|---|---|
| 薄针织物·中厚针织物 | 中厚针织物·厚针织物 |
| 厚针织物 | 薄针织物·中厚针织物 |
| 薄针织物 | 薄针织物 |
| 厚针织物 | 厚针织物 |
| 中厚针织物 | 薄针织物 |
| 中厚针织物 | 中厚针织物 |

针织袖子的种类繁多，选择广泛，而且针织物的可塑性比机织物强，因此有着更广泛的设计空间。用你手中的线和预想的色彩组合进行设计，注意保证袖子的功能性。

1. **一片袖**

   此款服装的袖子是用一整片针织面料做成，并搭配了垂褶领。

2. **夸张的泡泡袖**

   这款毛片裁缝的针织连衣裙设计了泡泡袖，由于材质硬挺，使设计效果极为夸张。

3. **双层荷叶袖**

   一款实用的针织衫，双层荷叶袖增加了女人味。

4. **连袖**

   一款连袖连衣裙，在领口和袖子上使用了衣身的对比色。

5. **盖肩袖**

   一款性感的上衣，采用了圆领和盖肩袖设计。

6. **打褶装袖**

   简单的高领上装，长款装袖，袖山略有褶皱。

# 领口和领子

## 领口

服装款式可以弥补个人身材不足，其中领口可以弥补穿着者的脸型、脖颈、前胸以及肩部的不足。圆脸型可以穿深开的领口，而有棱角的脸型则可以通过弯曲的领口或优雅的样式来软化。

领口能够影响情绪和服装样式。低领看起来非常性感，而小圆领显示了一种不经意的质朴。一件衣服的领口是经常被看到的部位，因此设计时要多加考虑。你的调研领域和面料选择都将影响领口设计。

以下几页内容展示了时尚流行中最常见的领口设计和变化款式。考虑领口设计对最终完成的整体服装有多少影响。大多数领口的设计要服从于整体设计，在某些情况下也可以成为服装的主要焦点。

**V领**
最流行的领口，也是经典的领型。它适用于大多数面料，能够在各种上装中见到。

**镶补领**
这是V领的一个变化款式，它即有深V的领型，又保持了质朴的感觉。

**低领**
这是一款很女性化的领型，通常用机织物制作，在各种上装和连衣裙中都能见到。

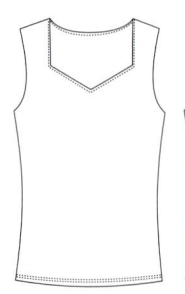

**鸡心领**
这款女人味的设计很好地强调了胸部造型。它采用V领和方领相结合的结构，构成了脖子和肩部区域的造型。

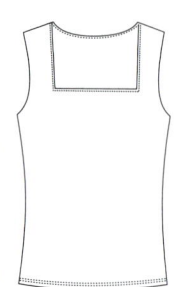

**方领**
这是一种流行的、常用的领型，可用于各种面料。

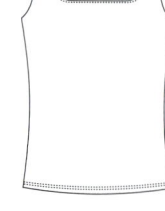

**U型领**
这是方领的变化款式，简单的线条适合于大多数人。

**圆领**
　　简洁是它的主要特点，这款经典的领型经历了时间的考验，适用于机织物和弹性面料。

**船领**
　　这款略弯的领型露出了一点肩部。

**信封领**
　　简洁的领型，横穿肩部。

**一字领**
　　这款领子造型是一条直线，其裁剪直接穿过肩部，落于锁骨上。

**勺型领**
　　一条弯曲很大的曲线穿过脖颈，深至胸部。

**马蹄领**
　　这款大开领低至胸部，突出了前胸和脖子。

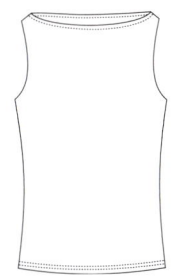

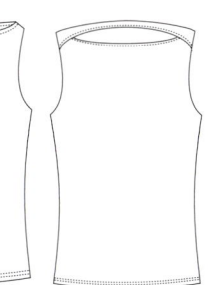

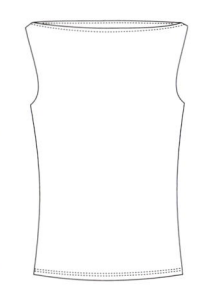

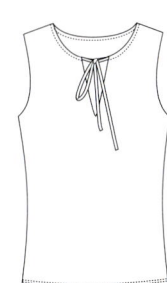

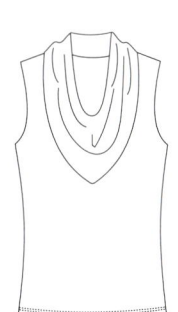

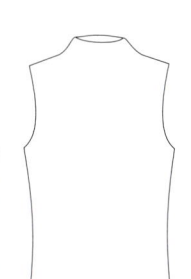

**钥匙孔圆领**
　　这是一种休闲款式的领型，适用于在运动装和休闲装上使用。

**抽带领**
　　通常用于非正式服装和运动装，这一设计看起来很轻松，适用于机织物和弹性面料。

**荷叶领**
　　这款漂亮的、多用的领型常见于针织服装，但也适用于机织物。荷叶的大小和密度变化能够产生多种变化款式和不同效果。

**垂褶领**
　　领口外围绕的多余面料形成了奇妙的垂褶领，它是晚礼服的理想款式，既不暴露又很性感。

**漏斗领**
　　这款领型通过延长普通领口产生了一个高筒，在脖根处稍有堆积感。

**露背领**
　　这种款式的领型采用了一条吊带绕过脖颈的设计，而不是两条吊带各自绕过一个肩膀。在上衣和连衣裙中常见此设计，也可用于泳装。这一款深开领裸露双肩和后背，因此多适合春装或夏装的设计。

# 领子

回溯到13世纪，领子是一款衬衫、罩衫、夹克、连衣裙或者外套上围绕脖子的那一部分。传统的穿法是竖立起来或者翻折过来，男装中最早使用可拆卸的活动领子。

一款领子的造型决定于它所连接的领口。不同历史时期，甚至每十年的时尚变化，都可以从领子造型中精确记录。例如，一提起拉夫领就让人立刻想到莎士比亚和伊丽莎白时代的英国，而超大号的尖角翻领和驳领让人想到20世纪70年代的服装。

领子是服装的重要焦点，领子对领口部位的装饰性、补充性和强调性都是服装完成效果的决定因素。领子能够轻松地诠释出设计者的灵感来源。当今时尚有着折中兼容的审美，因此领型的设计来源于各种款式——张开的拉夫领、硬挺的拿破仑式立领、水手圆领、高翻领、毛皮宽领等。

这两页介绍了大多数常用领型的名称和特征描述。考虑领子款式是如何影响和平衡整个服装的完成效果。多数领子添加了服装设计的趣味性，有时候还成为服装的主要特征。

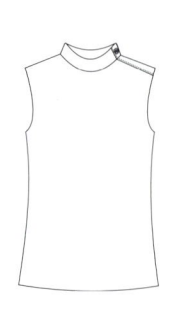

**绕颈立领**
立领围绕脖颈一周，有一个开口。

**中式立领**
中式立领最初来自中国贵族的穿着。这款小立领前中开口，领角为圆形。

**飘带领**
这款女性化的领型的主要特点在于领口有两条长飘带打结成漂亮的蝴蝶结。

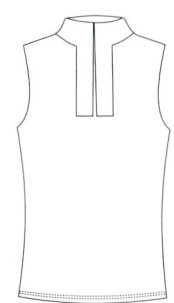

**主教领**
最初，这款领子的名称借用教士的外衣，这款多用的领子有一种正式和严肃的味道。

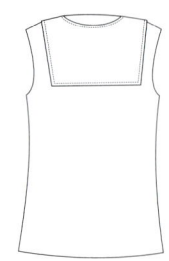

**方披肩领**
一款很深的方领，类似披肩。常用在简洁的圆领口上，形成有趣的造型对比。

**圆披肩领**
这款披肩一样的领子最好用机织物制作。

**亨利领**

此款领子常见于棉针织物或机织物服装上，这种流行的领子有着较浅的领座，还有带纽扣的半开襟。

**马球领**

这款简洁的领型前身开襟，开襟上有纽扣。

**衬衫领**

衬衫领流行而又实用，这款经典的领子多见于机织物服装的设计中。

**学生立领**

这款单层的领子立在领口上，没有翻折。

**褶饰领**

非常女性化的款式——褶皱装饰的颈部十分优雅，褶皱上流动的曲线柔化了面孔。

**水手圆领**

一款简单的圆领，通常用弹性面料制作，以便穿脱。

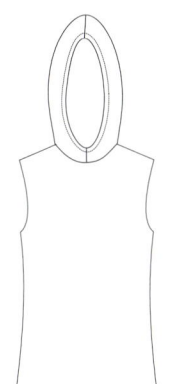

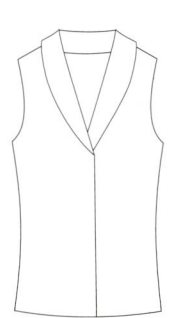

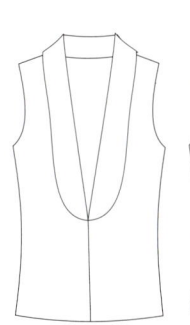

**兜帽领**

兜帽领常用于运动服和休闲装，它能够包覆着头，并与服装领口相连。

**彼德·潘领**

彼德·潘领常用于童装、女装衬衫和外套，这款领子风格有趣、年轻，领面扁平，小圆领角，无领座。

**翻领和驳领**

翻领和驳领是流行款式，这一传统款式来源于男装，常用于外套和夹克。随着季节更替，由此可变化出无数款式。

**青果领**

青果领常见于夹克、外套和针织服装，这款外观柔和的领子常常连衣身裁剪。

**塔士多翻领**

此款领子来源于男装，外观很像青果领，它有着深V型领口和一个弧线的领面。

**翻折高领**

翻折高领通常用弹性面料制作，这款紧身合体的筒形领子允许服装套头穿着，并突出了修长、优雅的颈部。

57

## 外套和夹克·领口和领子

　　领口和领子是外衣设计的焦点。通常外套和夹克的面料比较厚实，因此你在设计时要仔细考虑面料形成的制作效果。

| | | | |
|---|---|---|---|
| 薄型机织物 | 厚型机织物·薄型机织物 | 厚型机织物·薄型机织物 | 厚型机织物·薄型机织物·弹性织物 |
| 厚型机织物·薄型机织物 | 薄型机织物·弹性织物 | 厚型机织物·薄型机织物 | 厚型机织物·薄型机织物 |
| 薄型机织物·弹性织物 | 薄型机织物 | 薄型机织物·弹性织物 | 薄型机织物 |

外衣可能在秋/冬季中穿着几个月——思考那时流行将会如何变化。将调研的影响在设计中体现，并考虑领口的设计是否与整个系列的情调相协调。

1. 连扣领
   这款领子沿着门襟竖直向上裁剪，纽扣扣上后，可以为脖子和脸部提供保护。

2. 翻领
   这是一款厚型机织物制作的合体大衣，设计简洁，正式感较强。

3. 围巾领
   柔软的针织面料非常适合这款围巾领，而且使这款夹克的外观实用而休闲。

4. 翻领
   这款夹克图案十分大胆，翻领无领座，款式简洁，与服装的整体设计非常协调。

5. 翻领
   没有领座的翻领为这款皮衣增加了一份休闲的优雅。

6. 中式立领
   这款夹克的灵感来源于日本艺妓的服装，采用中式立领以及不对称设计的驳领。

7. 前系扣立领
   这款夹克有一个很高的前系扣立领，突出了脸部特征。

8. 风衣领
   这款领子用层叠的软面料制作，从而得到完全不同的外观效果。

9. 系扣立领
   这款雕塑般的夹克有简洁的纽扣和领子。

10. 衬衫领
    这是一款粗犷的衬衫领，带挡风襟。

## 外套和夹克・领口和领子（续）

薄型机织物

厚型机织物・薄型机织物

薄型机织物

厚型机织物

薄型机织物

薄型机织物

厚型机织物

厚型机织物

薄型机织物

厚型机织物・薄型机织物

厚型机织物

厚型机织物

1. 翻领和驳领

    宽领面和驳领用丝绸制作,与衣身面料形成对比,并成为服装焦点。

2. 翻领

    这款夹克的前中拉链直通到领子。

3. 翻领

    一款简单的无领座翻领的服装,因为使用了明亮的红色而引人注目。

4. 翻领

    这款服装由针织棉布制作,无领座的领子有一种轻松的时髦感。

5. 衣身领

    一款从衣身上延伸而形成的领子,围绕颈部产生褶皱,优雅而时尚。

6. 系扣立领

    黑色羊毛外套表面上有装饰,系纽扣立领十分简洁。

7. 立领

    带有明线衍缝效果的立领创造出戏剧化的廓型。

8. 翻领和驳领

    这款翻领和驳领用在这件极为合体的服装上,有一种全新的性感风格。

9. 彼德·潘领

    合体裁剪的彼德·潘领以及双排扣的细节设计组成了这款实用的夹克。

## 衬衫和罩衫·领口和领子

根据服装预期完成的效果，探索衬衫和罩衫领子设计的多种可能性。思考如何平衡服装各部位细节，使它们互相协调。

| | | | |
|---|---|---|---|
| 薄型机织物·轻薄织物 | 薄型机织物·轻薄织物 | 透孔织物·轻薄织物 | 薄型机织物·轻薄织物 |
| 薄型机织物 | 薄型机织物·弹性织物 | 薄型机织物 | 薄型机织物 |
| 薄型机织物 | 薄型机织物·弹性织物 | 薄型机织物·轻薄织物 | 薄型机织物 |

领子和领口是服装的焦点部位,是你发挥创造力、制造闪光点的地方。你的设计可以尽量大胆或者尽可能的简洁。领子是衬衫和罩衫最重要的细节设计,也是整个系列设计的重要组成部分。

1. 圆领

    一款图案大胆的罩衫,小圆领十分简洁。

2. 衬衫领

    这款白色棉布衬衫裁剪合体,衬衫领的领座略高。

3. 多层领

    为了与服装其他部位的设计相协调,领子设计成多层,并成为服装本身的一个精彩细节。

4. 褶皱领

    翻领领口上的褶皱为这款真丝衬衫增添了一丝温柔。

5. 荷叶领

    超大号的荷叶领是这件性感罩衫的焦点,引人注目。

6. 领口落肩领

    这款前卫服装的领口落到了肩部以下,扁平的小翻领更突显了这一落肩结构。

## 上衣·领口和领子

可能受最近的潮流影响，上衣领口有所改变，选择更加广泛。设计时要综合考虑款式流行因素以及面料和色彩，才能取得最有效的设计效果。

| | | | |
|---|---|---|---|
| 透孔织物·轻薄织物 | 薄型机织物 | 透孔织物 | 透孔织物·轻薄织物 |
| 弹性织物 | 弹性织物 | 薄型机织物·弹性织物·轻薄织物 | 弹性织物 |
| 薄型机织物·弹性织物 | 薄型机织物·弹性织物 | 薄型机织物·轻薄织物 | 薄型机织物 |

上衣领口设计可以有多种款式——从戏剧性到性感，设计效果各不相同。综合考虑你的调研成果和你所使用的面料类型，将帮助你设计出成功的领子，并且有助于系列设计中其他服装的设计。

1. 船领

    这款几何图案的上装采用简洁的、与服装相配的船领设计。

2. 披肩领

    一款小披肩领用在这件朴素的上衣上，显示出教士服装的影响。

3. 敞开式翻折领

    带有翻折边的敞领上衣，采用柔滑的丝绸面料制作。

4. 半开襟领

    这款针织棉上衣款式简洁，采用经典的半开襟结合领口完成设计。

5. 翻折领

    一款由针织物制作的翻折领上装会产生增长脖颈的错觉，并突出了面部。

6. 飘带领

    这款立领与飘带领的结合领型，很好地突出了面部和脖子区域。

7. 水手圆领

    一款加高的水手圆领，用薄型机织面料制作，前胸部打细褶。

造型手册

## 上衣·领口和领子（续）

| | | | |
|---|---|---|---|
| 薄型机织物 | 弹性织物 | 薄型机织物 | 薄型机织物·弹性织物 |
| 薄型机织物·弹性织物 | 弹性织物·轻薄织物 | 弹性织物 | 薄型机织物·弹性织物 |
| 薄型机织物·弹性织物 | 薄型机织物·弹性织物 | 薄型机织物 | 弹性织物 |

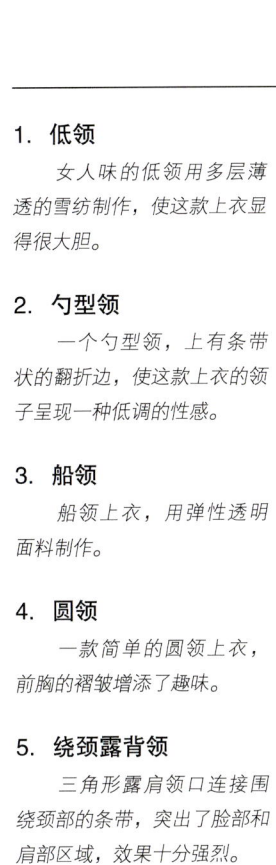

1. 低领
   女人味的低领用多层薄透的雪纺制作,使这款上衣显得很大胆。

2. 勺型领
   一个勺型领,上有条带状的翻折边,使这款上衣的领子呈现一种低调的性感。

3. 船领
   船领上衣,用弹性透明面料制作。

4. 圆领
   一款简单的圆领上衣,前胸的褶皱增添了趣味。

5. 绕颈露背领
   三角形露肩领口连接围绕颈部的条带,突出了脸部和肩部区域,效果十分强烈。

造型手册

# 上衣・领口和领子（续）

| | | | |
|---|---|---|---|
| 薄型机织物・轻薄织物 | 薄型机织物・弹性织物 | 弹性织物 | 薄型机织物 |
| 弹性织物 | 弹性织物 | 薄型机织物 | 弹性织物 |
| 薄型机织物・弹性织物 | 薄型机织物・轻薄织物 | 薄型机织物 | 透孔织物・轻薄织物 |

68

1. 船领

　　优雅的船领为这款上衣增添了魅力，但也没有减少本款的主要特征——闪亮面料的吸引力。

2. 圆领

　　简洁的圆领与有趣的面料设计形成对比。

3. 荷叶领

　　以超大的荷叶领来装饰领口，并成为这款以历史服装造型为灵感的服装的特点。

4. 衬衫领加半开襟

　　半开襟式领口上采用翻领设计，外加荷叶边装饰，荷叶边细节使这款简单的领型有了新意。

5. 多片领

　　这款上衣的灵感来源于紧身胸衣，多片式带有图案的领子是服装的特点。

## 连衣裙·领口和领子

　　领口和领子是肩部和脸部的装饰和框架。进行设计时，要思考你的设计想法、面料的造型能力和你想达到的效果以及视觉重点。

| | | | |
|---|---|---|---|
| 薄型机织物 | 薄型机织物·轻薄织物 | 薄型机织物·轻薄织物 | 薄型机织物·弹性织物 |
| 薄型机织物 | 薄型机织物 | 薄型机织物 | 薄型机织物 |

领口设计为你提供了表现大胆和创新或者简洁和低调的机会。毋庸置疑,连衣裙的领口设计是视觉焦点。所以你要清楚地知道,无论决定设计什么领口,它都将经常被人们看到,同时你还要记得将调研思想贯彻到设计中。

1. V领
   两条吊带制造出鲜明的V领,这款暴露的领型在晚礼服和夏装裙中非常流行。

2. 连身领
   这款连身领是在人台上立体裁剪而完成的。

3. U型领
   这款连衣裙上暴露的深U型领成为一个大胆的设计焦点。

4. 绕颈露肩领
   此款连衣裙由绉缎制成,领子形状细长,裸露肩和背部。

5. 鸡心领
   这款连衣裙采用无袖设计,搭配简洁的鸡心领。

6. 船领
   这款超短裙配有简洁的船领。

7. 带翻领圆领
   加大号码的连衣裙,圆领口带有甜美的翻领,周围还有荷叶边装饰。

8. 超大号箱式荷叶边领
   这款领子采用坚挺的中厚型面料制作,以支撑起它的造型。

9. 鸡心领
   两根吊带清晰而简洁,形成鸡心型领子,暴露出脖颈、双肩和背部区域。

10. 露背领
    鲜艳的红色服装露出肩领,正面是大胆的深V领。

11. 方领
    两根吊带形成方领,突出了肩部。

## 针织衫·领口和领子

针织物是一种可塑性强、适于创新的面料。思考如何使你设计的色彩组合以及针织面料也能适合服装系列中的其他款式。

| | | | |
|---|---|---|---|
| 薄针织物 | 厚针织物 | 厚针织物 | 厚针织物 |
| 厚针织物 | 薄针织物 | 薄针织物·中厚针织物 | 中厚针织物 |
| 薄针织物 | 薄针织物 | 薄针织物·中厚针织物 | 薄针织物·中厚针织物 |

针织衫的领口和领子可以设计成各种各样的、有灵感的、大胆的造型。一款简单领型的服装更换了面料，就会焕然一新。尝试伸展领子边缘，看是否有惊喜产生。

1. 圆领

　　这款服装采用圆领设计，边缘用渐变色，增添了吸引力，成为视觉焦点。

2. 方领

　　这款吊带连衣裙为方领，内套平纹白T恤。

3. V领

　　几何图案主导了这款蒙德里安式针织连衣裙，前身是简洁的交叉式门襟。

4. 罗纹青果领

　　这件短款羊毛衫用罗纹组织做成一个加大的领子。

5. 裸肩领

　　翻折边的裸肩领成为服装的焦点。

6. 钥匙孔领

　　一款轻松的钥匙孔领服装，采用大胆的对比色产生新意，成为服装的焦点。

造型手册

# 针织衫·领口和领子（续）

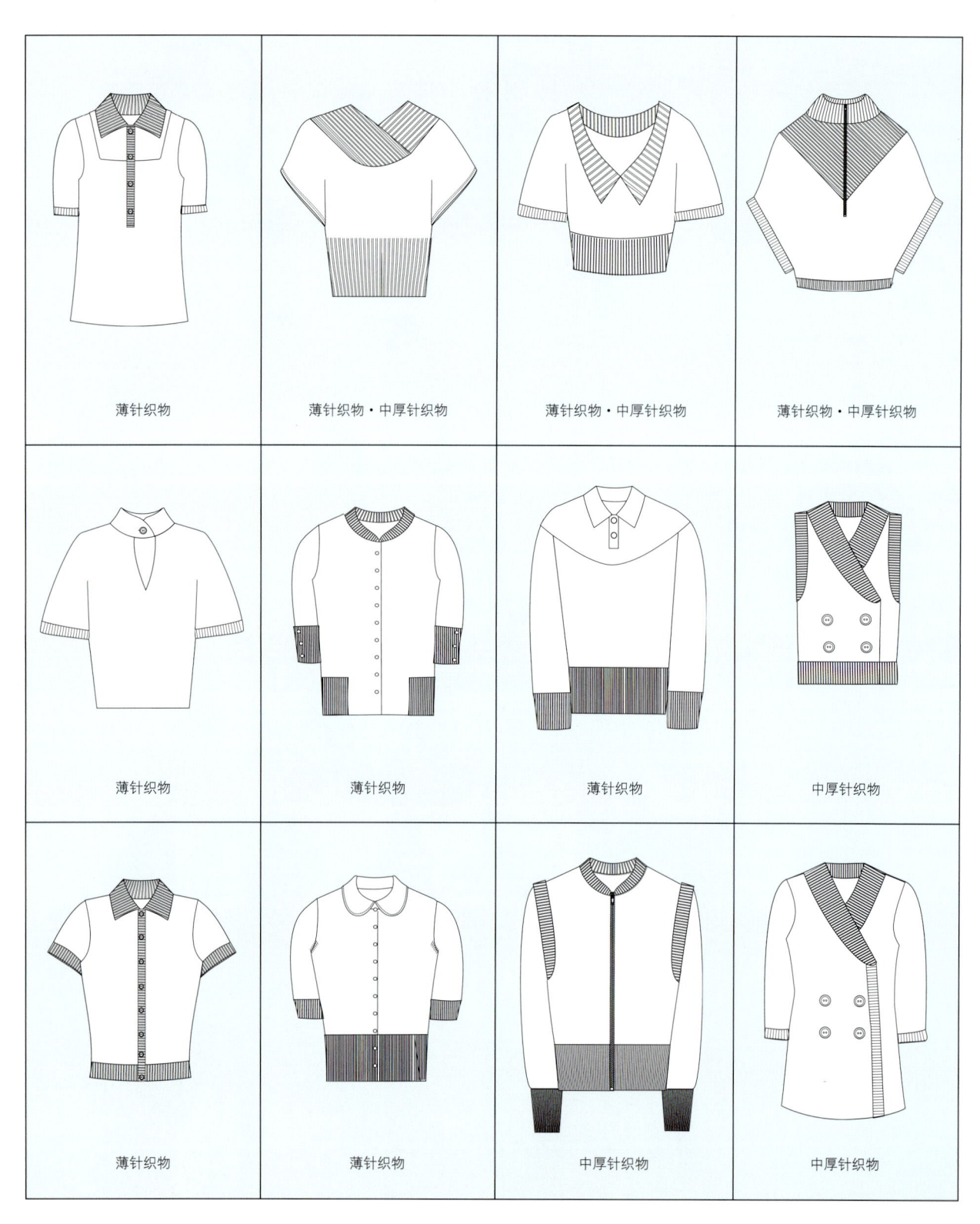

| | | | |
|---|---|---|---|
| 薄针织物 | 薄针织物·中厚针织物 | 薄针织物·中厚针织物 | 薄针织物·中厚针织物 |
| 薄针织物 | 薄针织物 | 薄针织物 | 中厚针织物 |
| 薄针织物 | 薄针织物 | 中厚针织物 | 中厚针织物 |

1. 兜帽领

   温暖的针织帽子提供了实用功能,可以放下来作为领子。

2. 罗纹领

   随意的罗纹领为这款及膝长羊毛外套增加了休闲感。

3. 罗纹领

   柔软的罗纹领用在了这件半袖羊毛衫上。

4. 翻领和驳领

   传统的翻领和驳领用在这样宽罗纹面料上,产生一种新鲜感。

5. 罗纹青果领

   粗罗纹为这款交叠青果领增加了重量感和意趣。

# 腰带

自人类进入文明社会以来，性感和女人味都集中体现在女性的腰部上。过去人们的偶像，比如玛丽莲·梦露，十分懂得如何突出她们的腰部，从而将典型的沙漏型体型曲线最大化。当服装廓型改变时，腰线位置也相应改变。20世纪20年代的女装廓型为下落的腰线、直线型、男孩子式的外观。到了60年代，帝国样式的腰线复兴，上升到胸部下面，突出了袒胸露肩的效果。90年代的超低腰裤加长了上身长度。又经过多年演变，腰线重新又提升到高位，如高腰裤和高腰牛仔裤。

记住，腰带是有实际功能的，通常多数服装款式在腰部决定穿脱和固定的作用。一款成功的服装设计，作为其组成部分之一，服装的腰部区域必须将款式、外形和功能兼备。

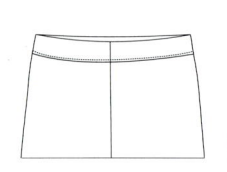

**低腰**
低腰或超低腰曾流行于20世纪90年代，并持续至今。低腰位于骨盆区域，加长了上身，展示了臀部。

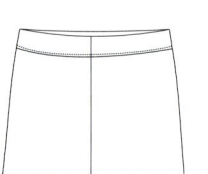

**中腰**
中腰的腰线在人体自然腰位，是一种舒适的款式。

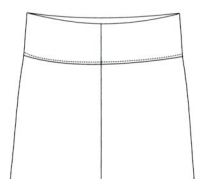

**高腰**
高腰经常流行，也经常过时，但从未彻底退出潮流。高腰使女性臀腰部产生流畅的曲线，并突出了胸部区域。

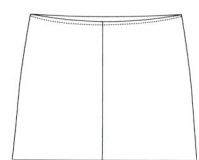

**无腰**
贴边腰线没有腰条布，而只是用隐藏在里面的贴边简单车缝成腰线。

**曲线腰**
曲线腰用于长裤或半裙，它将焦点集中于腹部。

**可调节扣襻**
可调节的侧扣襻是置于腰部侧边的一个细节。

### 腰带
腰部采用腰带是半裙和长裤中流行的款式。其外观由腰带环和穿过其中的腰带共同构成。

### 皮带扣
用皮带扣来调节腰围，或者仅作为一个设计细节。皮带扣用在服装的前身、后身都可以。

### 前襟式
前襟式腰带通常见于做工精致的长裤和半裙。前面重叠部分通常在内侧有紧固装置，用来将腰带固定。

### 围裹式
围裹式腰带为围裹式半裙提供了理想设计，它很适合于特制面料和花式面料。

### 抽带式
抽带式腰带常用于休闲裤和运动服。抽带使裤子显得更轻松，并且适用于针织面料的服装。

### 松紧带
松紧带腰带产生皱褶的外观，适合柔软面料制作的休闲裤或休闲裙。

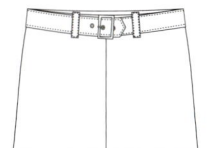

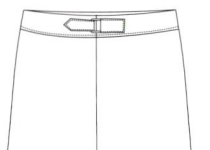

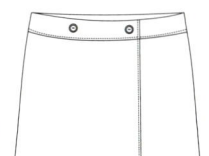

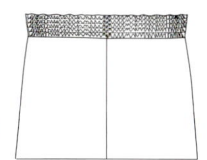

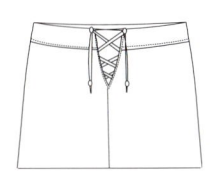

### 穿绳式
怀旧的穿绳式腰带，可用在服装的前面、侧面和后面，同时也是服装的开口。

### 罗纹带
罗纹腰带可以是全部罗纹，也可以部分用罗纹。罗纹织物有弹性，很合体，常用于童装、运动装的设计中。

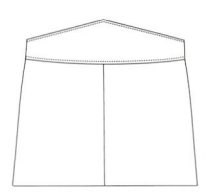

### 尖角高腰
尖角式腰带是高腰形，侧边拉链开口，这一款式非常适合用特制面料和花式面料制作。

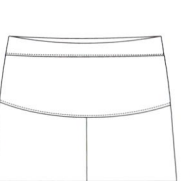

### 育克式
育克式腰带适合长裤和半裙，将省道放入育克接缝中，用侧边拉链开口。

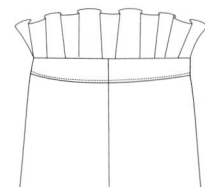

### 立褶式
立褶式腰带在腰部打褶。这种款式最好用硬挺的面料制作。

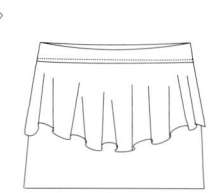

### 波形褶式
波形褶式腰带有一个从腰部开始，长至臀部的垂褶，为服装增添了女人味。此款适于选择悬垂感良好的面料制作。

## 短裤和长裤·腰带

腰带是服装的关键功能部位,也是半裙和长裤的基本结构。设计腰带时,舒适与合体是最重要的,在腰带上增加趣味设计会使之成为服装焦点。

| | |
|---|---|
| 厚型机织物·薄型机织物 | 薄型机织物 |
| 弹性织物 | 薄型机织物·弹性织物 |
| 弹性织物 | 薄型机织物·弹性织物 |

| | |
|---|---|
| 薄型机织物 | 弹性织物 |
| 厚型机织物·薄型机织物 | |
| 厚型机织物·薄型机织物 | 薄型机织物·薄型机织物 |

服装细节常常根据流行趋势和古代元素来设计，所以熟悉当代风格有助于你设计腰带款式。选择朴素的款式，还是使它成为下半身服装的焦点。

1. 前襟式
   亚麻质地的精做宽松长裤，使用腰带束腰。

2. 前襟式
   时髦的高腰裤，采用前襟式腰部设计。

3. 前襟式
   低腰七分裤，两粒扣前襟腰部设计。

4. 腰带式
   利落的长裤采用简洁的腰带束腰。

5. 立褶式
   夸张的立褶式腰形，在三粒扣腰带上打褶，成为整套服装的焦点。

6. 搭襟式
   低腰的男孩子风格短裤。

7. 低腰
   低腰拉链式腰部设计。

8. 前襟式
   精做低腰长裤，采用了一粒扣前襟设计。

79

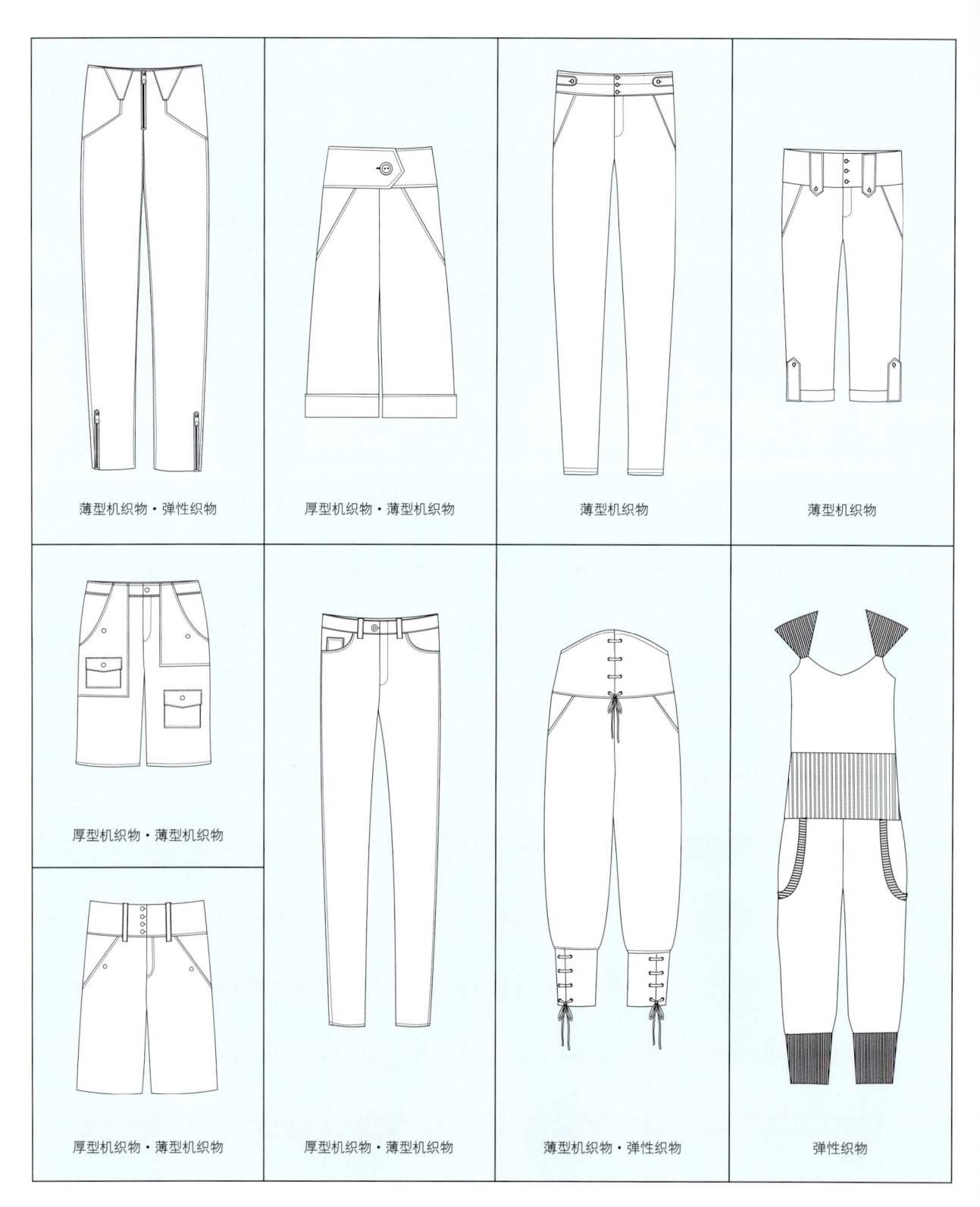

造型手册

## 短裤和长裤·腰带（续）

| | | | |
|---|---|---|---|
| 薄型机织物·弹性织物 | 厚型机织物·薄型机织物 | 薄型机织物 | 薄型机织物 |
| 厚型机织物·薄型机织物 | 厚型机织物·薄型机织物 | 薄型机织物·弹性织物 | 弹性织物 |
| 厚型机织物·薄型机织物 | | | |

1. **前襟式**
   水手风格长裤，采用前襟式腰带。

2. **腰带**
   在白色窄腿裤上采用简洁的腰带设计。

3. **抽带式**
   采用抽带式前门襟的低腰沙滩裤。

4. **立褶式**
   立褶式腰的褶皱恰好在腰带上面，非常适合这款短裤。

5. **带纽扣前襟**
   简洁的前襟以纽扣固定，很适合这身两件套精做女装。

6. **可调节扣襻**
   长裤的前身非常简洁，无装饰物，侧缝设计了可调节式扣襻。

7. **松紧带**
   热裤上采用松紧腰带，并且在服装的其他部位也有松紧带的设计，与腰带相呼应。

## 半裙·腰带

腰带设计要服从于整体服装设计。可以采用腰带来产生设计趣味和视觉冲击力。

| | | | |
|---|---|---|---|
| 厚型机织物·薄型机织物 | 厚型机织物·薄型机织物 | 厚型机织物·薄型机织物 | 厚型机织物·薄型机织物 |
| 弹性织物 | 薄型机织物·弹性织物 | 薄型机织物·弹性织物 | 厚型机织物·薄型机织物 |
| 厚型机织物·薄型机织物 | 弹性织物 | 厚型机织物·薄型机织物 | 薄型机织物 |

如果半裙的腰带设计仅具功能性，那么它是不起眼的。服装的腰部设计可以有所变化，从而增添吸引力。你所设计的服装的腰带可以将舒适的功能性与审美风格和趣味性结合起来。

1. **无腰**
   无腰设计、背带的使用，为这套裙装增添了中性气质。

2. **抽带式**
   这款半裙采用轻松的抽带式设计，形成了整套服装的舒适风格。

3. **无腰**
   半裙采用简洁的无腰设计，搭配印花夹克。

4. **系带式**
   系带式腰带非常适合这种轻薄的面料，使这件半裙摇曳生姿。

5. **曲线腰**
   这款半裙采用弹性面料制作，无腰款式的曲线型腰部设计，前片还有对比色的滚边装饰。

6. **条带式**
   提花织物制作的褶裥裙，采用整洁的条带式腰部设计。

7. **条带式**
   这款半裙由简洁的条带腰部与聚集的衣褶构成。

8. **松紧带**
   松紧带用绳带连接，构成较宽阔的腰部区域，增添了趣味性，并成为这套服装的焦点。

# 4 口袋

口袋是大多数服装的基本部件，尤其是像外套、夹克这样的外衣品类。多数口袋主要具有实用的功能。现代生活需要太多配件——手机、钥匙、信用卡、零钱——这些都需要放在口袋中随身携带，同时也解放了我们的手。如果你认为自己的口袋有很多用途，那么就需要对口袋做加固处理，甚至周围的面料也要连接衬布，以增加强力。口袋款式多样，因此设计时也要考虑它们的位置和外观效果。

**嵌线袋**
嵌线袋是一种美观而牢固的口袋，常用于精做服装，如夹克、长裤和半裙的后口袋。

**纽扣嵌线袋**
带纽扣的嵌线袋大多用于精做长裤的后袋。

**扣襻嵌线袋**
带扣襻的嵌线袋增加了口袋的安全性。

**带盖嵌线袋**
有袋盖的嵌线袋非常适合采用质地紧密的面料制作。

**加固嵌线袋**
加固嵌线袋非常适用于夹克和外套的口袋设计，加固的两端三角区增加了口袋承受能力，减少口袋的损耗和撕裂。

**曲线嵌线袋**
另一种用于外套和夹克的流行口袋是曲线嵌线袋，它也可以用于半裙和长裤。

### 斜插袋
长裤上常见的是斜插袋，它适用于各种面料，从华达呢到针织物。

### 直插袋
与斜插袋类似，直插袋也同样流行和广泛适用。

### 直插袋和零钱袋
直插袋和零钱袋广泛应用于牛仔裤。

### 袋鼠式口袋
袋鼠式口袋流行的用法是置于休闲绒衣的前片，多用弹性针织面料制作。

### 箱式袋
这个缝有三角形插片的口袋容积很大，广泛用于外套、夹克、长裤和半裙。

### 大贴袋
大贴袋由军装演变形成，常用于长裤和半裙。

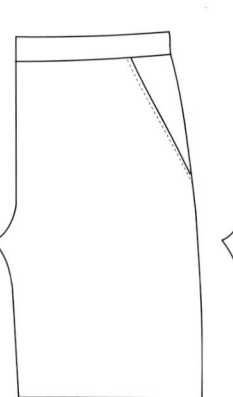

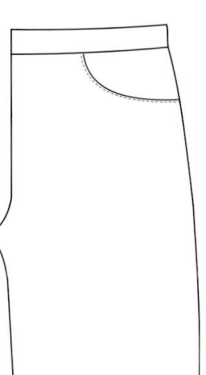

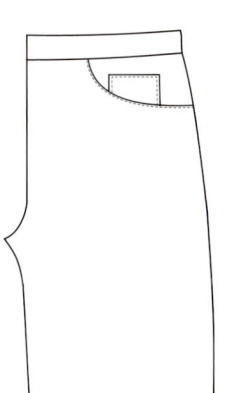

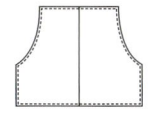

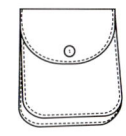

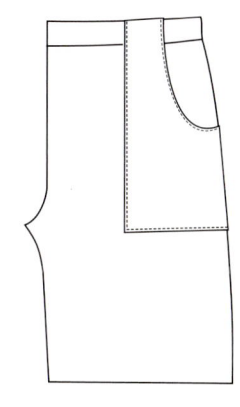

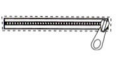

### 拉链嵌线袋
增添了拉链的嵌线袋增强了口袋的安全性，而且非常实用，适用于夹克和外套的主口袋。

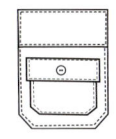

### 双贴袋
双贴袋是将一个口袋直接缝于另一个上面，是一种非常实用的款式。

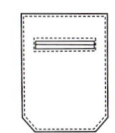

### 嵌线明贴袋
这款两重口袋可以用于衬衫和精做夹克的内口袋。

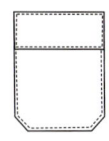

### 明贴袋
明贴袋具有多种用途和多种功能，在很多服装上都能看见，可以用于裙套装、夹克、长裤和衬衫。

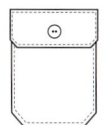

### 带盖明贴袋
有袋盖的明贴袋，能使服装的细节设计看起来更整洁。

## 外套和夹克·口袋

外套和夹克的口袋是外衣的基本细节,需要认真考虑。你在设计时要考虑它的功能、风格、安全性以及口袋的位置。

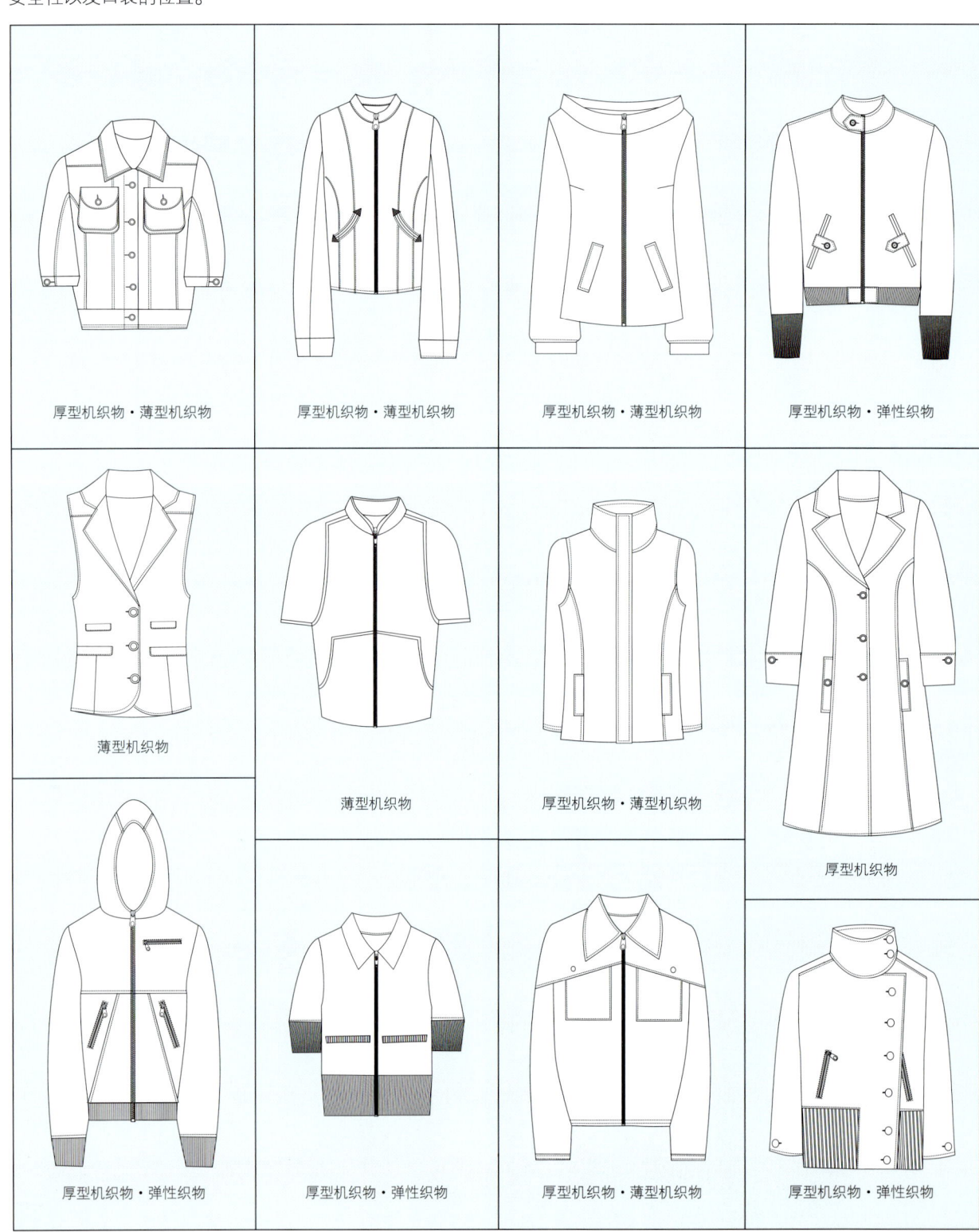

| | | | |
|---|---|---|---|
| 厚型机织物·薄型机织物 | 厚型机织物·薄型机织物 | 厚型机织物·薄型机织物 | 厚型机织物·弹性织物 |
| 薄型机织物 | 薄型机织物 | 厚型机织物·薄型机织物 | 厚型机织物 |
| 厚型机织物·弹性织物 | 厚型机织物·弹性织物 | 厚型机织物·薄型机织物 | 厚型机织物·弹性织物 |

外套和夹克是经常穿用的服装,因此口袋设计必须具备功能性,并且需要耐磨。比较外衣的口袋与服装其他细节,寻找能够使它们之间互相和谐的平衡点。

1. 单嵌线袋

    嵌线袋为这款夹克增加了休闲味和可穿性。

2. 侧缝袋

    侧缝袋在外套的侧缝处制作,正面几乎看不到。

3. 明线加固拉链口袋

    拉链口袋和对比色的明线非常醒目,成为这件服装的特征。

4. 斜插嵌线袋

    粗花呢质地的精做夹克,采用斜插嵌线袋设计。

5. 箱式袋

    这款大贴袋看起来似乎平坦,然而三角布的结构使它有足够的空间盛放个人物品。

6. 拉链袋

    运动夹克采用了拉链口袋,拉链与服装的色彩对比鲜明,这种口袋的功能性也很强。

7. 箱式袋

    这套服装采用两开身的大胆裁剪,箱式袋以功能为主,兼有设计感。

8. 侧缝袋

    这款夹克的简洁同样表现在侧缝袋的隐蔽上。

造型手册

## 衬衫和罩衫·口袋

对于衬衫和罩衫的口袋设计要十分谨慎，需要认真考虑。记住，一些口袋也许仅有装饰作用，而不是功能性的用途。

| | | | |
|---|---|---|---|
| 薄型机织物·轻薄织物 | 薄型机织物 | 薄型机织物 | 薄型机织物·弹性织物 |
| 薄型机织物 | 薄型机织物 | 薄型机织物 | 薄型机织物 |
| 薄型机织物 | 薄型机织物·轻薄织物 | 薄型机织物 | 薄型机织物 |

衬衫和罩衫的口袋可在大小、风格、位置上进行变化。它们的功能性用途已经降至最小,因为太大或太重的东西都会使衣服下坠而影响美观。

1. **带盖明贴袋**
   一款大号的有盖明贴袋。

2. **拉链口袋**
   一款合体的紧身束腰上衣,采用拉链口袋和金属链头。

3. **有袋盖口袋**
   这款宽肩的军装风格的衬衫采用有袋盖的口袋。

4. **带盖明贴袋**
   这款合体衬衫有两个风箱式口袋和袋盖。

5. **有袋盖口袋**
   一款有袋盖口袋,上有纽扣固定。

## 短裤和长裤·口袋

多数短裤和长裤的口袋用来装东西或插手，所以它们必须具有功能性。经常使用的口袋需要加固，以备穿用时避免被撕坏。

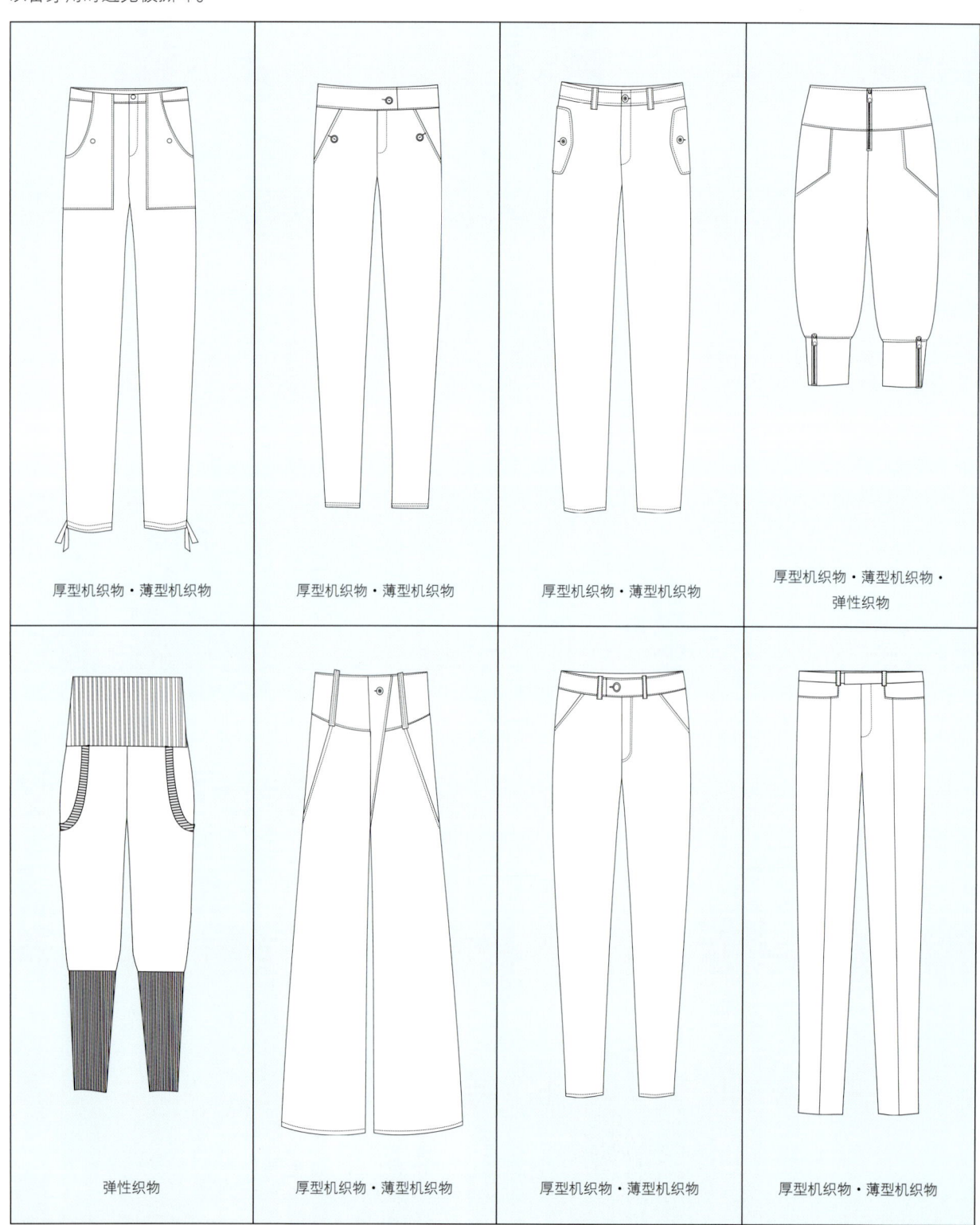

| | | | |
|---|---|---|---|
| 厚型机织物·薄型机织物 | 厚型机织物·薄型机织物 | 厚型机织物·薄型机织物 | 厚型机织物·薄型机织物·弹性织物 |
| 弹性织物 | 厚型机织物·薄型机织物 | 厚型机织物·薄型机织物 | 厚型机织物·薄型机织物 |

也许你要选择一个主题的口袋用于整个服装系列，那么思考系列设计中其余款式的细节设计，它们是否会影响这一款口袋的设计。你要预先想好如何充分利用某款口袋，要使短裤和长裤上主要口袋具有功能性和可行性。

1. 大贴袋

   斜插的大贴袋，带有拉链，为存放个人物品提供了安全性。

2. 箱式袋

   大容积的箱式袋用于这款迷人的军装裤样式的侧口袋。

3. 直插袋

   带对比色滚边的直插袋，与短上衣的滚边相呼应。

4. 斜插袋

   在斜插袋上增加了纽扣装饰的袋盖。

5. 带盖明贴袋

   这类军装风格的长裤都有带袋盖的明贴袋。

6. 圆袋盖口袋

   这款格子裤子的口袋设计了纽扣装饰的圆袋盖。

造型手册

# 半裙·口袋

不管你的半裙口袋是不起眼的，还是服装的焦点所在，这里都有足够的款式可供选择。首先要保持半裙后口袋的功能性，然后再考虑其他口袋的装饰性。

| | | | |
|---|---|---|---|
| 弹性织物 | 薄型机织物·弹性织物 | 厚型机织物·薄型机织物 | 厚型机织物·薄型机织物 |
| 厚型机织物·薄型机织物 | 厚型机织物·薄型机织物 | 弹性织物 | 厚型机织物·薄型机织物 |
| 厚型机织物·弹性织物 | 厚型机织物·薄型机织物 | 厚型机织物·薄型机织物 | 厚型机织物·薄型机织物·弹性织物 |

思考你的系列设计中口袋的主题，确保半裙的口袋设计符合这一主题。在服装设计中，符合整体性的细节常常在整个系列中使用，甚至被不断重复，就像船的锚一样使整个系列稳定、协调。

1. **箱式袋**

   这款丝缎裙两侧采用了箱式口袋和方形袋盖设计。

2. **拉链袋**

   这款及膝裙采用前中系纽扣门襟设计以及竖直方向的拉链口袋。

3. **明贴袋**

   此款牛仔迷你裙的灵感来自20世纪80年代的服装，前片饰有两个明贴袋。

4. **侧缝袋**

   侧缝袋隐藏在这款印花宽褶半裙中。

造型手册

# 5 袖口

不管你设计什么款式,袖口区域的设计都要与其他部位协调搭配,互相补充,同时还要便于穿脱。设计过程可以有很多方式,从调研中吸收精华部分,将其运用于袖口设计,这样可以把个性化带入袖口设计中,同时还要与整体设计和谐。袖口有多种风格,从可以使你的袖子显得正式的双纽扣袖口,到增添休闲感的罗纹袖口,都可以激发你的创造力。

优秀的袖口设计要让胳膊和手能够轻松进出,所以记住,要认真思考袖口的开口方式,并考虑这样的开口能否与你设想的袖口、袖子相协调。

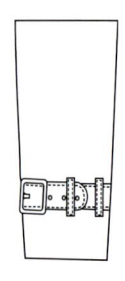

**风衣袖口**
　　风衣袖口是外衣的标志性细节。它的款式来源于传统风衣,外观正式,有约束感。袖带的功能是紧固服装的手腕部位。

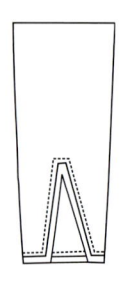

**滚边袖口**
　　这款舒适的、休闲风格的袖口有一个永久性开口,并采用整洁的布边设计。

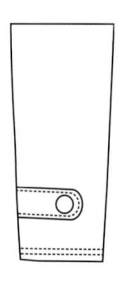

**带纽扣袖襻**
　　这种袖口常见于外套和夹克,袖襻上带有纽扣,增加了袖口的正式感。

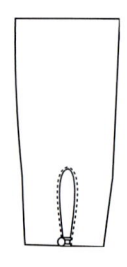

**钥匙孔袖口**
　　一个小开口在袖子底边用纽襻和纽扣将之合并。这种款式的袖口适合轻薄织物或中厚机织物。

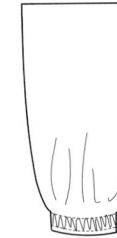

**松紧袖口**
　　将一段松紧带夹缝于袖口边缘处,这种松度可调的袖口能够使手腕舒适。

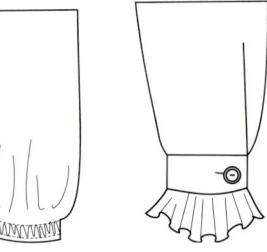

**荷叶袖口**
　　用有悬垂感的面料制作成漂亮、精致的荷叶边袖口,增添了女人味。

**双纽扣袖口**

　　一款正式的袖口，袖开衩用两粒扣系合。双纽扣袖口是衬衫和薄型夹克中非常流行的款式细节。

**单纽扣袖口**

　　单纽扣袖口在衬衫中很流行，通常在袖口背面有一个小开衩以便穿脱，并用一粒扣系合。

**袖开衩袖口**

　　这种袖口提供了一个便于穿脱的简单开口方式。

**穿绳袖口**

　　穿绳袖口就像过去的穿绳紧身衣。你可以考虑用色彩对比强烈的绳子让袖口更显眼。

**贴边袖口**

　　贴边袖口具有极简主义的外观效果，而且很容易设计，并且适用于大多数面料。

**衍缝袖口**

　　这款袖口用环绕袖口的明线平行衍缝，获得了时髦而简洁的外观效果。

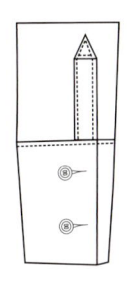

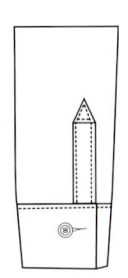

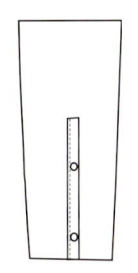

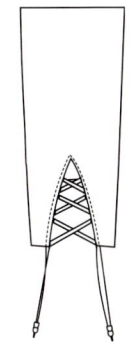

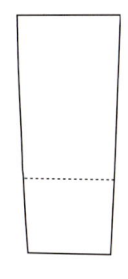

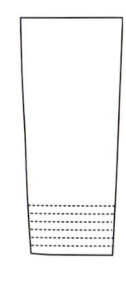

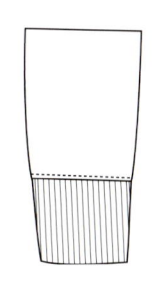

**罗纹袖口**

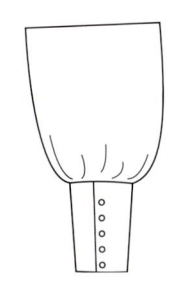

　　罗纹袖口常见于休闲装或运动装。当手穿过袖口时，罗纹伸展开便于穿脱；手通过后，它又恢复原形，裹在手腕上。

**合体袖口**

　　这种合体袖口上半部十分宽松，适用于大多数中厚型和轻薄型面料。

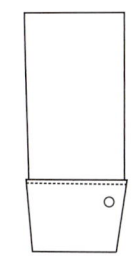

**翻折袖口**

　　将一个普通袖口的长度增加两倍，多出来的面料翻折回来形成翻折袖口。这种款式常用于正式衬衫，袖口部分用袖扣或一粒纽扣系合。

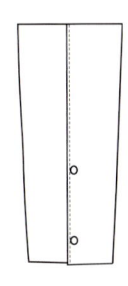

**开缝袖口**

　　这一细节设计模仿自外套的后身设计。将之用于袖口时产生了时髦感，而且具有功能性。

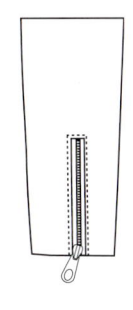

**拉链袖口**

　　拉链袖口便于开合，简单易用，并且能够使手腕部位非常合体。

## 外套和夹克·袖口

袖口的装饰性与功能性可以兼顾。设计袖口时，重新翻看你的创意板和调研手册，由调研激发灵感，进而决定如何设计袖口。

| | | | |
|---|---|---|---|
| 厚型机织物·薄型机织物 | 厚型机织物·弹性织物 | 厚型机织物·薄型机织物 | 厚型机织物 |
| 厚型机织物·薄型机织物 | 厚型机织物·薄型机织物 | 厚型机织物·薄型机织物 | 厚型机织物·薄型机织物 |
| 薄型机织物 | 厚型机织物·薄型机织物 | 薄型机织物 | 厚型机织物 |

外衣的袖口要与其他部位互相协调、互相补充，而不能压倒和超越其他部位。它必须实用，方便手的进出。

1. 开缝袖口

   轮廓清晰的夹克和两片式长裤，采用精心裁剪的开缝袖口完成服装造型设计。

2. 贴边袖口

   漂亮的印花外套采用简洁的袖口设计。

3. 带纽扣袖襻

   灵感来源于军装的夹克，袖口部位采用了时髦的带纽扣袖襻。

4. 松紧袖口

   这款雨衣采用了实用的松紧带袖口。

5. 超大袖口

   这款简单的袖口由于使用人造毛皮而魅力倍增。

6. 松紧袖口

   这套运动套装的袖口用松紧带抽缩而成，简单利落。

7. 松紧袖口

   袖口区域的装饰性细节增添了趣味性。

## 衬衫和罩衫·袖口

与服装其他细节一样，袖口的设计要与全身设计相协调，这一简单细节不容忽视。

| | | | |
|---|---|---|---|
| 薄型机织物·轻薄织物 | 薄型机织物·轻薄织物 | 薄型机织物 | 薄型机织物·轻薄织物 |
| 薄型机织物·轻薄织物 | 薄型机织物 | 透孔织物 | 薄型机织物·轻薄织物 |
| 透孔织物 | 薄型机织物 | 透孔织物 | 薄型机织物 |

袖口的实用功能是防止衣袖面料磨损，但是这一实用性并不代表放弃款式。袖口设计需要时尚与功能兼备。

1. 荷叶袖口

    衬衫前中的设计细节被用于袖口。

2. 翻折袖口

    这款衬衫的翻折袖口带来轻松、时尚的感觉。

3. 衬衫袖口

    这款简洁的衬衫采用两粒扣衬衫袖口。

4. 滚边袖口

    雪纺衬衫的袖口用简单整洁的滚边完成。

5. 合体袖口

    光滑柔软的合体袖口适合整套服装的设计风格。

6. 荷叶袖口

    衬衫前中的荷叶边设计细节，在袖口被重复使用。

# 上衣·袖口

上衣的袖口设计要有创意。记住,用设计主题或者灵感来源引导你的想法。

| | | | |
|---|---|---|---|
| 薄型机织物·轻薄织物 | 透孔织物·轻薄织物 | 透孔织物·轻薄织物 | 轻薄织物 |
| 薄型机织物 | 弹性织物·透孔织物·轻薄织物 | 弹性织物·轻薄织物 | 弹性织物 |
| 弹性织物 | 轻薄织物 | 弹性织物 | 弹性织物·轻薄织物 |

上衣的袖口设计变化多样，选择范围广泛。仔细考虑面料的强度和使用限制，用它创造合适的袖口。服装各部位细节之间的平衡是服装设计成功、满意的决定因素。

1. **衬衫袖口**
   这款晚礼服的七分袖采用衬衫袖口设计。

2. **荷叶袖口**
   轻薄的雪纺上装，采用抽带领口和荷叶边袖口。

3. **贴边袖口**
   绸缎质地的连衣裙，袖口以贴边缝制完成，与领口设计相呼应。

4. **系带钥匙孔袖口**
   这款连衣裙设计了肥大的袖型和钥匙孔袖口，袖口用细带系合，既符合造型美观的要求，又具功能性。

5. **衬衫袖口**
   衬衫袖口设计采用不同于衣身的颜色，为这款端庄的套装增添了亮点。

6. **合体袖口**
   这是一款以历史服装造型为灵感的套装，合体袖口与打褶宽松袖相结合。

7. **褶饰开缝袖口**
   开缝袖口以及袖口部位的抽褶，这一细节设计在此款上衣的其他部位也有呼应。

## 针织衫·袖口

针织物的弹性使其成为紧身合体袖口的理想材料，它能够紧贴手腕和手臂。然而，它也适合制作宽松袖口，这要通过选择恰当的针法来实现。

| | | | |
|---|---|---|---|
| 薄针织物 | 薄针织物 | 薄针织物·中厚针织物 | 薄针织物·中厚针织物 |
| 薄针织物 | 中厚针织物 | 薄针织物·中厚针织物 | 薄针织物·中厚针织物 |
| 薄针织物 | 中厚针织物·厚针织物 | 中厚针织物·厚针织物 | 中厚针织物·厚针织物 |

袖口长度、罗纹宽度及织物厚度的改变都会影响针织袖口的外观和设计效果。针织衫的袖口的设计要富有创意，同时要考虑这些设计用于系列中的其他款式将会怎样。

1. 缩褶袖口

    这款多彩针织衫的袖口采用了起皱处理，成为服装的焦点。

2. 合体袖口

    采用对比色加长的袖口平衡了整款连衣裙的柔美感。

3. 罗纹袖口

    这是一款粗犷的连衣裙，它的设计焦点是领口，袖口设计是非简洁的。

4. 罗纹袖口

    七分袖针织衫，袖口采用罗纹组织。

5. 翻边袖口

    这款简洁的针织衫采用翻边袖口。

# 闭合方式

闭合方式是服装设计的主要部分。它是服装不可或缺的基本功能，而且经常有装饰作用。闭合方式有多种款式变化，设计时，想从中选出最好的款式是很困难的。这里介绍的是一些最常用的闭合方式。

**纽扣襻**
纽扣襻用途广泛，装饰性与功能性兼备。

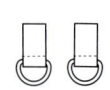

**D型环**
D型环是各种扣环的替代品，而且非常有趣。

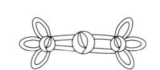

**盘花纽扣**
这种装饰性的闭合设计可以制作外套、夹克的门襟，富有特色。

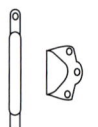

**钩眼扣**
钩眼扣是一种内敛的闭合方式，通常从表面看不到。钩子和钩眼相连接，可作为拉链的端头，或者数组钩眼扣排成一列构成门襟。

**钩襻**
钩襻通常用在裤腰的内侧。

**按扣**
按扣非常实用，用途广泛，它为外套、夹克和其他服装提供了一种简洁、内敛的闭合方式。

**背带**

背带是历史上男装使用的闭合方式，但是最近几年在女装中数次流行。

**蝴蝶结**

一个蝴蝶结能够给你的衣服增添装饰效果，并且也是很实用的系结方法。

**皮带扣**

经典的皮带扣是非常实用的设计，广泛应用于各种带子上。

**抽带**

抽带是休闲风格的闭合方式，可以用于腰部、下摆、袖口和领口。

**流苏**

流苏是一种装饰性的设计，可以用于抽带的端头。

**穿绳**

功能多样、实用的穿绳是一种装饰性闭合方式，可以用于领口、袖口、腰部和下摆。

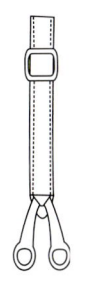

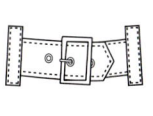

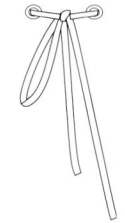

**闭口式拉链**

闭口式拉链可用于口袋、袖口和里襟的闭合。

**双头拉链**

因为双头拉链从头到尾都能开口，因此可以用于外套、夹克的门襟，也很适合包、袋的闭合。

**开尾式拉链**

拉链拉开时，两边的衣服能够完全分离，这种拉链通常用于外套和夹克。

**纽襻**

纽襻是一种精巧的闭合方式，适用于领口、侧缝、袖口的闭合。

**纽扣**

纽扣广泛用于前身门襟、暗门襟、扣襻和袖口。纽扣适用于服装各部位。

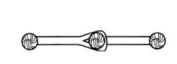

**套锁扣**

套锁扣可以用于外套和夹克的前门襟，并成为服装的特色。

造型手册

## 外套和夹克·闭合方式

当你设计外衣的闭合方式时,首先要考虑功能和舒适性。面料的种类决定采用哪种闭合方式。设计时可以参考调研结果,但是不要忘记实用方面的考虑。

| | | | |
|---|---|---|---|
| 薄型机织物 | 薄型机织物 | 厚型机织物·薄型机织物 | 厚型机织物 |
| 厚型机织物·薄型机织物 | 厚型机织物·薄型机织物 | 厚型机织物 | 厚型机织物 |
| 薄型机织物·弹性织物 | 厚型机织物·薄型机织物 | 厚型机织物 | 厚型机织物 |

外套和夹克的闭合方式类型多样、有趣，有时候可以成为服装的重要特色部位。回想你曾用过的闭合类型，思考这些特征是如何符合整个系列设计的主题的。

1. 纽扣

   一个交叉形纽扣成为这款夹克的突出特征。

2. 纽扣

   一排简洁的纽扣保证了这款服装的简约风格。

3. 蝴蝶结

   这款漂亮外套的灵感来自历史，采用一条长绳系成蝴蝶结来作为服装的闭合方式。

4. 皮带

   这款宽松外套搭配皮带，使得腰部产生打褶效果，更加合体。

5. 按扣

   这款斗篷有着朴素简洁的前身，在领口处采用大胆的按扣，使得着装者活动时，衣身可以飘动起来。

6. 盘花纽扣

   盘花纽扣成为这款中国式夹克的主要特征。

107

## 衬衫和罩衫·闭合方式

尝试为你的设计选择最合适的闭合方式，并用面料表达出最佳效果，同时不可忽视它的功能性和实用性。有的情况下闭合本身也会成为服装的特色之一。

| | | | |
|---|---|---|---|
| 透孔织物·轻薄织物 | 薄型机织物·透孔织物 | 薄型机织物·轻薄织物 | 薄型机织物 |
| 薄型机织物·轻薄织物 | 薄型机织物 | 薄型机织物·轻薄织物 | 薄型机织物 |
| 薄型机织物 | 弹性织物·轻薄织物 | 薄型机织物·轻薄织物 | 薄型机织物·轻薄织物 |

衬衫和罩衫的闭合方式可以很大胆、实用，有时还可以很性感。保持单款设计与整个系列的协调，同时想象你的衣服要穿在一件简洁的、紧身的牛仔裤上面。

1. 腰带

    三条腰带的设计使腰部成为视觉焦点，为这款伐木工衬衫增添了新鲜感和魅力。

2. 绳带

    简洁的交叠式腰部设计，采用绳带打蝴蝶结。

3. 缠绕腰带

    这款衬衫用腰带缠绕系在腰部，突出了腰部曲线。

4. 衣身打结

    漂亮的闭合方式是这款衬衫的最好装饰，同时产生了深开式的领口造型。

5. 前门襟纽扣

    这是一款流行的闭合方式设计，功能性的纽扣用于前中，简洁而不露痕迹。

## 短裤和长裤·闭合方式

短裤和长裤的闭合与开口方式具有装饰性和功能性。它们可以成为服装的主要特征，同时也要与其他部分融合。

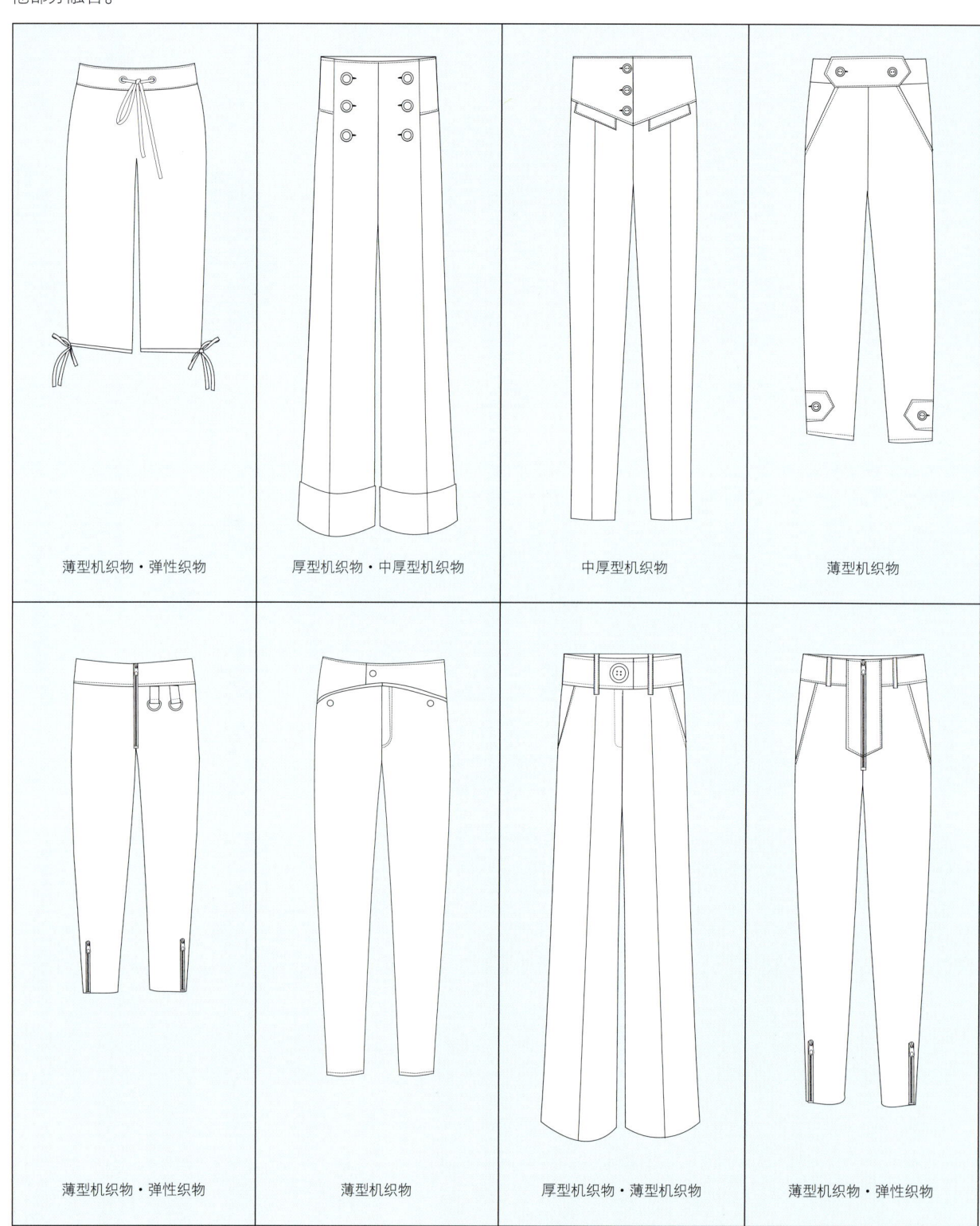

薄型机织物·弹性织物

厚型机织物·中厚型机织物

中厚型机织物

薄型机织物

薄型机织物·弹性织物

薄型机织物

厚型机织物·薄型机织物

薄型机织物·弹性织物

短裤和长裤的闭合方式必须具有功能性和实用性,设计时要考虑你选择的面料。不过,如果你希望闭合方式成为服装的设计焦点,这里面也有很大的设计空间,可以让你发挥创意,增加趣味性。

1. 腰带

    用与长裤同面料的腰带,不仅时髦,而且是对这款传统闭合方式的一个变化设计。

2. 腰带

    这套两开身套装非常漂亮,长裤用一条时髦的皮带系合。

3. 穿绳

    大胆的皮短裤,采用同样大胆的穿绳闭合前中。

4. 拉链

    一条缩短的拉链用于裤子前中,完成了裤子设计,同时也没有影响上身几何图案的焦点效果。

5. 穿绳

    这款牛仔短裤的门襟处用穿绳式设计,并用对比色的明线突出了这一细节。

6. 拉链

    低腰裤,前片采用功能性的拉链闭合设计。

造型手册

# 7 下摆

下摆不仅是服装的结束部位，防止服装面料脱散，同时也是时尚元素之一。如何将设计特征在下摆上表现是非常重要的。

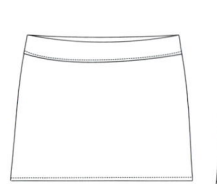

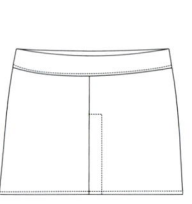

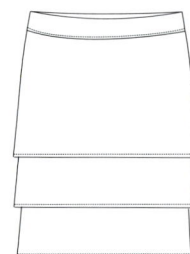

**长下摆**
长下摆加长了廓型，下摆几乎接近脚踝。

**中长下摆**
中长下摆的位置刚好在膝盖上下部位。

**短下摆**
短下摆的长度在大腿附近。

**单开衩**
单开衩下摆可用于任何长度的裙子，用在前身或后身均可，它为人体活动提供了空间。

**围裹式**
围裹式下摆适用于任何长度的半裙。由于这一下摆容易向后滑动，因此需加衬里。

**多层下摆**
用对比色或者补色设计多层下摆能够取得非常理想的效果。

**不对称**
　　不对称下摆的一边较长，一边较短。

**曲线型**
　　曲线型下摆特别适合短裙或中长裙。

**手帕式**
　　手帕式裙摆可以用在裙子的前身或后身，它适用于短裙和中长裙。

**波浪型**
　　波浪型下摆有着扇型排列的边缘，需要贴边来完成制作。

**翻折边**
　　翻折边适合任何长度的裙子，你可以用对比色或补色面料来制作折边。

**可调节下摆**
　　可调节下摆用侧襻改变裙子长度，并产生一种新的设计效果。

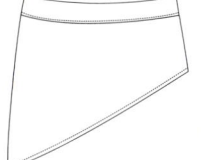

**抽带式**
　　抽带式下摆有一种运动感，可以用弹性或机织面料制作。

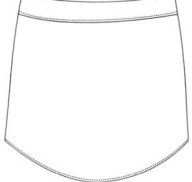

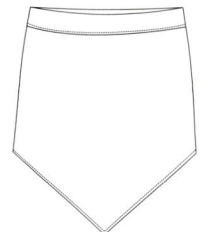

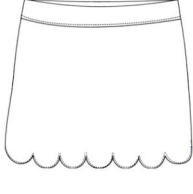

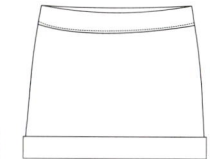

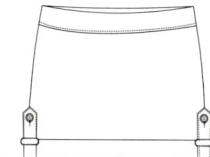

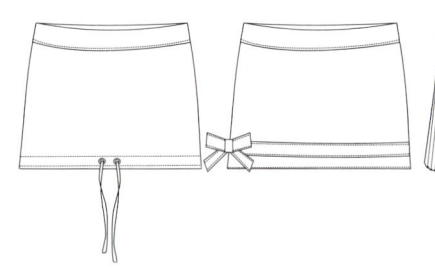

**装饰式**
　　这种装饰性的下摆采用斜裁滚边的形式，由明线缝制而成。

**百褶式**
　　百褶式下摆曾流行于20世纪70年代，是一种经典的款式，适合大部分不同裙长设计。

**拼接荷叶边**
　　这是一种装饰性的下摆，有女性的魅力，可用于超短、中长和腿肚长的裙子。

**流苏式**
　　这种装饰性的下摆便于活动，流苏的长度可以调整。

**罗纹下摆**
　　罗纹下摆在裙子底部收紧，下摆罗纹的宽度也可调整。

## 外套和夹克·下摆

要想设计可穿性强的服装,功能和款式是最重要的。外套或夹克的下摆必须要恰当,而且应该与服装款式相协调。

| | |
|---|---|
| 薄型机织物 | 厚型机织物·薄型机织物 |
| 厚型机织物 | 厚型机织物·薄型机织物 |
| 薄型机织物 | 薄型机织物·弹性织物 |
| 厚型机织物·薄型机织物 | 厚型机织物 |
| 薄型机织物 | 厚型机织物 |
| 厚型机织物 | 薄型机织物 |

下摆的设计简单甚至不起眼都没关系，如果这是你故意追求的效果，但是如果你想增加一些设计趣味的话，那么可以从已有的大量下摆款式中选择。

1. **拼接荷叶边下摆**

   低腰的条形下摆，下面拼接荷叶边。

2. **翻折边下摆**

   翻折边是流行的下摆设计，它用途广泛，简单易做。

3. **带状边下摆**

   这款超大号多层夹克采用牛仔布制作，下摆镶拼条带。

4. **抽带式下摆**

   抽带下摆设计为这款夹克增添了休闲式的优雅。

5. **不对称下摆**

   这款夹克整体感很强，不对称下摆设计得恰到好处。

## 短裤和长裤·下摆

短裤和长裤的下摆必须兼具功能性和时尚感。做调研和探索设计理念都能够帮助你决定合适的款式。

| | | | |
|---|---|---|---|
| 中厚型机织物·弹性织物 | 厚型机织物·中厚型机织物 | 中厚型机织物 | 中厚型机织物·弹性织物 |
| 薄型机织物·中厚型机织物 | 厚型机织物·薄型机织物 | 厚型机织物·薄型机织物 | 薄型机织物·弹性织物 |

让下摆成为服装的主要特征是非常容易的。在设计中，你要平衡各个细节的比例，思考服装其他部分是怎样的。将所有想法相结合，创造出协调的、有创意的下摆设计。

1. 翻折边下摆

   羊毛面料的宽松长裤休闲感十足，简洁的下摆设计与之相配。

2. 袖口式下摆

   袖口式裤底边设计在这种七分裤上比较常见。

3. 罗纹下摆

   罗纹下摆是这套服装的特征，除了用在裤子上，在其他部位也有重复。

4. 翻折边下摆

   翻折边下摆设计最初用于男装精做长裤，如今却另有一番时髦感。

5. 拼接荷叶边下摆

   拼缝的荷叶边布满了整条裤子，产生了活泼、有趣的效果。

6. 前开衩下摆

   大胆的前开衩设计暴露出大腿。

7. 喇叭式下摆

   喇叭长裤曾流行于20世纪70年代，并在时尚的舞台上时常复兴，证明了这一款式的持久魅力。

8. 翻折边下摆

   宽的翻折边，竖向明线，成为这套服装的亮点之一。

## 半裙·下摆

半裙的下摆可以是幽默的，也可以是严肃的。当你准备设计下摆时，认真考虑面料，尝试它的强度，但是要注意保持其实用性和可穿度。

| | | | |
|---|---|---|---|
| 薄型机织物·弹性织物 | 薄型机织物·弹性织物 | 薄型机织物 | 弹性织物 |
| 薄型机织物 | 厚型机织物·薄型机织物 | 薄型机织物 | 厚型机织物·薄型机织物 |
| 厚型机织物·薄型机织物·弹性织物 | 薄型机织物·弹性织物 | 弹性织物 | 弹性织物 |

下摆的设计要尽量符合穿着者的体型。不论你的设计是性感的、挑逗的,还是简约的、可穿的,裙子的下摆都要很有特色。

1. **不对称拼接荷叶边下摆**
   这款半裙用不对称形状拼缝荷叶边,极具女人味,还有穿绳系带也是服装的特色之一。

2. **带状边下摆**
   醒目的色彩,拼缝带状下摆,共同构成这件可穿性极强的裙子。

3. **多层下摆**
   薄纱制作的长款多层裙既有女人味,又有鲜明的轮廓。

4. **不对称下摆**
   这种飘逸的下摆是在人台或者人体上直接裁剪而成,这样就可以将面料的最佳效果表现出来。

5. **流苏式下摆**
   穿者走动时,下摆的流苏来回移动,裸露出大腿。要选择不易磨损的面料制作流苏。

6. **翻折边下摆**
   这是一款宽松的休闲裙,采用翻折边作为下摆。

7. **滚边式下摆**
   这款圆裙下有多层衬裙,下摆用色彩鲜艳的滚边缝制。

## 连衣裙·下摆

连衣裙的下摆决定了整套服装的外观和设计效果。设计受调研的影响,使用面料来完成你需要的下摆类型。

| | | | |
|---|---|---|---|
| 厚型机织物·薄型机织物·弹性织物 | 中厚型机织物·轻薄织物 | 弹性织物 | 中厚型机织物·轻薄织物 |
| 弹性织物 | 弹性织物 | 薄型机织物 | 薄型机织物 |

你设计的衣服是白天穿着还是夜晚使用,这一点对于设计来说十分重要。连衣裙的下摆款式是无穷的:端庄的、简约的、飘逸的、有饰边的,下摆设计无疑会影响整个服装的效果。

1. 拼接荷叶边下摆

   轻薄的雪纺制作多层裙,拼缝荷叶边下摆。

2. 翻折细边下摆

   一款丝缎连衣裙,下摆为翻折边,折边窄而整洁。

3. 侧开衩下摆

   这件透明连衣裙在侧缝处开衩,底边用很细的翻折边,取得了非常好的效果。

4. 多层下摆

   连衣裙底摆采用多层式荷叶边设计。

5. 不对称下摆

   不对称下摆的丝绸裙,用翻折细边完成下摆。

6. 拼接荷叶边下摆

   这款短裙有一种游戏味道,而下摆的拼缝荷叶边更增加了趣味。

7. 不对称下摆

   这款连衣裙整体性很强,不对称下摆创意十足,不难看出其背后历史风格的影响。

8. 蘑菇型下摆

   这款连衣裙的下摆将多余面料抽褶,与拼接的带状面料缝合,产生了蘑菇造型的效果。

## 针织衫·下摆

从灵感来源中找出想法，选一种能达到你设计要求的针织线。针织物给你提供了一个富于冒险性的、创意十足的设计空间，把它们用到你的下摆设计中去，寻找时尚的、令人兴奋的设计构思。

| | | | |
|---|---|---|---|
| 中厚针织物 | 中厚针织物 | 中厚针织物 | 中厚针织物 |
| 厚针织物 | 薄针织物 | 厚针织物 | 薄针织物·中厚针织物 |
| 薄针织物·中厚针织物 | 薄针织物·中厚针织物 | 厚针织物 | 中厚针织物·厚针织物 |

针织品的外观和感觉可以因为纱线种类的更换而完全改变。不管你的服装是手织效果的还是舒适的，或者是紧身和性感的，用下摆来协调整个设计。

1. **罗纹边下摆**
   这款超大号的手织短上衣采用窄罗纹边作为下摆。

2. **罗纹边下摆**
   恰当的罗纹边用于这款束腰绒衣的下摆设计。

3. **罗纹边下摆**
   这款羊毛衫的罗纹下摆产生了像袋子一样的收紧效果。

4. **波浪边下摆**
   曲线优美的连衣裙采用漂亮的波浪型下摆。

5. **宽罗纹边下摆**
   这件毛衫的宽罗纹下摆与领口和袖子上的同样款式相呼应。

6. **罗纹边下摆**
   这件针织外套的下摆采用罗纹边。

7. **曲线罗纹边下摆**
   这件休闲针织夹克的下摆设计成曲线形状。

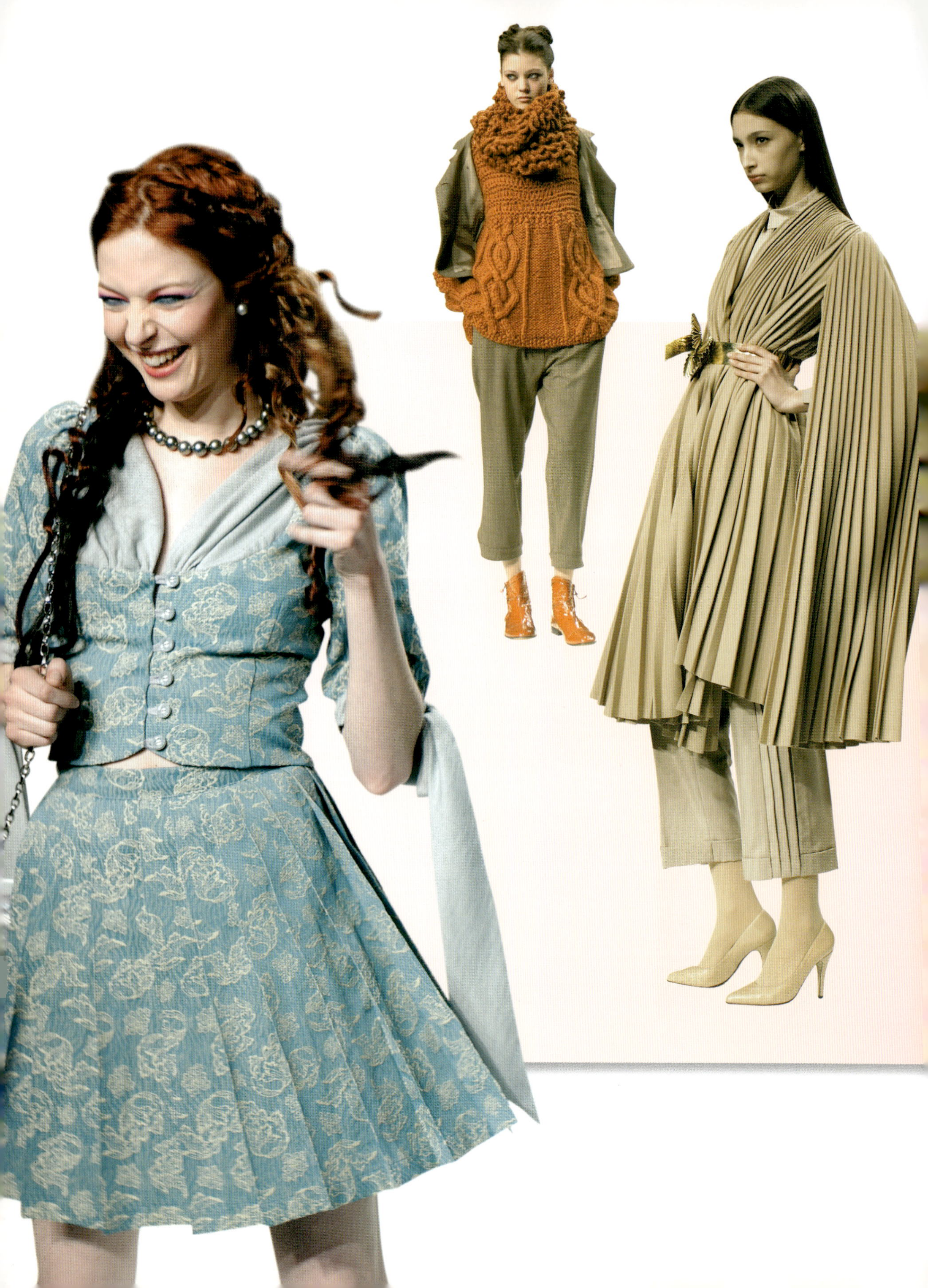

# 第三章
# 织物手册

织物手册将帮助你辨别面料。你会看到一个面料样品，并列出了面料的各种性能，还有应用建议。当你开始选择面料时可以参考这个手册。

# 织物手册

当你进行系列设计时，需要谨慎考虑面料。全面考察面料的厚度和悬垂性，还有触感和视觉效果，这是任何服装设计的最基础部分。

这个手册划分了五种织物类别——中厚型机织物、厚型机织物、网眼织物、轻薄织物、弹性织物。每个类别都有织物名称、织物描述、一般性能以及每种织物最适合应用的服装。在你开始选择面料前，至少要熟悉这些面料种类。

## 季节

选面料最关键的依据是你为哪个季节设计服装。季节变化决定了人们穿着的面料种类以及面料相应的厚度、特性等。

也许你自己的衣橱是一个学习季节变化、款式变化、面料区别的好起点。厚型面料（如羊毛粗花呢）多用于制作外套，而硬挺面料（如牛仔布和灯芯绒）适于做裤子、短裤和夹克。夏季需要薄面料（如细棉布、双绉、纯棉）。

## 重量和牢度

一种织物的牢度和重量决定了适合做何种服装。例如，一种柔软的、透明的雪纺适合于多层设计，要有最少的接缝，因为它难于裁剪和缝合。而华达呢有很好的牢度和悬垂感，做西装、夹克、西装裤和西装裙效果都非常好。特制的化纤织物内含一定比例的莱卡可以增加舒适度，造型也更为合体，适用于裙子、长裤和夹克。

当你完成服装效果图和服装色彩后开始对面料进行调研。在购买大量面料之前先收集面料小样。把小样放在设计图旁，谨慎考虑哪块面料可以用于服装。接下来你可以用平纹布（一种便宜的、便于操作的面料）开始进行"白布试样"步骤了，这相当于工业生产中的纸样原型。

试样成功后，你可以购买面料，同时也知道了每件衣服需要多少面料。用试样进行服装修改、款式调整，然后把这些修改信息转达到纸样上。这时你终于可以裁剪真正的面料了。

### 常规建议

- 裁剪前检查全部面料是否有疵点。因为开始裁剪后再发现疵点就不能退换了。

# 机织物（中厚型）

这些面料是最容易操作的，尤其是如果它们比较牢固——操作时不易拉伸也不易滑脱。

## 平布

**织物描述**：一种粗糙的、原色的平纹布，纯棉或者棉混纺。平布品质不一，但一般都是未经后整理、未染色的。平布价格便宜，不易起皱。

**应用**：平布最普遍的用法是用于"白布试样"或制作服装原型，以便在实际面料的裁剪之前做出修正。

## 开司米

**织物描述**：开司米纤维来自精细柔软的喀什米尔山羊绒。它一般为纯纺或与蚕丝纤维、羊毛纤维、棉花纤维混纺。它可以针织或机织成布，是一种柔软、保暖、奢华的布料。

**应用**：用机织开司米制作外套、夹克、裙装和披肩等。用针织开司米制作绒衣、羊毛衫和套裙等。

## 粗纺棉布

**织物描述**：这种纯棉布料的传统用法是包裹干酪，它的织纹稀松，有起绉质地和外观。

**应用**：粗纺棉布在20世纪70年代十分流行，用于制作便装衬衫、罩衫、连衣裙等。

### 如何使用机织物（中厚型）

- 裁剪小块面料进行洗水、压力试验和车缝试验。
- 用锋利的剪刀裁剪，以便得到整齐的裁剪边缘，小剪刀会剪出不齐的布边。
- 必要时用蒸气或用水洗来预缩面料。
- 要在面料背面熨烫或使用垫布熨烫，这样可以保护面料正面。

## 绉缎

**织物描述**：绉缎比丝硬缎手感柔软，它一面是平滑、有光泽的，另一面是无光泽、起绉的。两面都可用作服装面料。传统的绉缎用蚕丝制成，现在通常用合成纤维制作。

**应用**：绉缎可用于上衣、罩衫、裙套装和衬衫等服装的制作。

## 锦缎

**织物描述**：锦缎是指用提花机织成图案的织物。这种面料可以用多种纤维制作，包括蚕丝纤维、棉花纤维、亚麻纤维和混纺纤维。图案采用同一颜色在织物表面。

**应用**：用于裙套装、夹克、长裤以及裙子。传统的锦缎广泛用于亚麻桌布。

## 丝硬缎

**织物描述**：丝硬缎由蚕丝或合成纤维制成，采用缎纹组织织造，表面有美丽的闪亮光泽。比起那些用于内衣和里料的真丝，丝硬缎较为厚重，但是其奢华效果和光滑程度则毫不逊色。

**应用**：用于婚礼服、晚礼服、女用小包和手握包。薄型丝硬缎可用于制作衬衫和裙装。

## 法兰绒

**织物描述**：一种用棉纤维或羊毛纤维以平纹或斜纹组织纺织的织物，比较耐长时间穿用，通常在织物一面或双面起绒或拉绒。

**应用**：表面毛绒给人以温暖、舒适感，可用于制作床上用品、睡衣和睡袍。

## 华达呢

**织物描述**：一种牢固的、紧密纺织的面料，用精纺羊毛纤维、棉纤维、合成纤维或混纺纱线织造。华达呢以斜纹组织织成，表面有斜线状凸条纹理。悬垂感佳，不易起皱。

**应用**：非常适用于精做服装，如夹克、长裤、衬衫、外套。

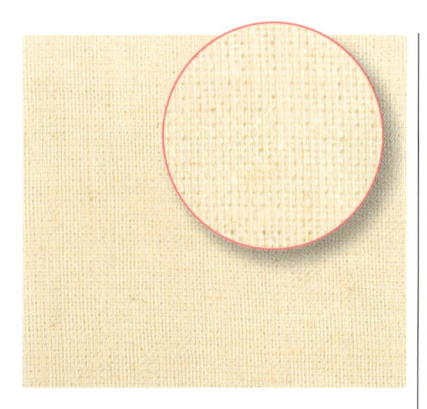

## 大麻布

**织物描述**：这种织物来自大麻植物的茎，经过处理成为纤维，制成纱线后纺织，面料强力大，表面粗糙。它的外观和手感与亚麻布非常相似。

**应用**：用于夹克、长裤、衬衫、裙子和裙套装的制作。

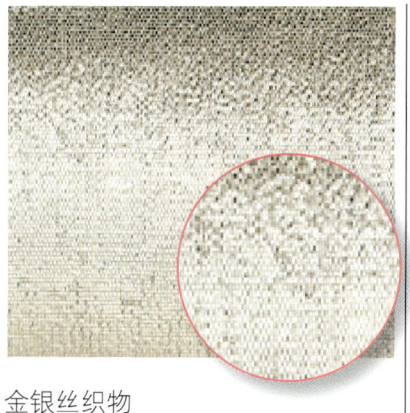

## 金银丝织物

**织物描述**：金银丝织物用金属丝线以机织或针织制成，有着奢华的外观、闪烁的表面，但是纱线容易脱散。

**应用**：用于制作晚装、裙套装、裙子、上装等。

## 亚麻布

**织物描述**：亚麻布是由亚麻植物的茎制成。这些茎经过处理制成纤维，进而纺成纱线，再纺织成强力大、脆硬的布。亚麻可以采用平纹、斜纹或花缎组织纺织。织物种类多样，从轻薄的亚麻手绢到中厚型服用织物以及厚型户外服用材料。它极易起皱，但是面料结实、吸湿性好。

**应用**：亚麻布应根据不同厚度加以应用，用于罩衫、衬衫、夹克、长裤、外套等。

### 合成纤维长丝

**织物描述**：这是一种非常精良的合成纤维长丝，适用于纺织精纺面料和厚型织物。它的高强力的纱线能够承受多种类型的后整理，因此能产生各种各样的后整理效果，包括绒面和砂洗效果。它的悬垂性良好，无静电，不易起皱。

**应用**：适用于需要柔软感、悬垂感设计的服装。由于其吸湿性良好而常用于运动服。

### 府绸

**织物描述**：府绸一般为棉织物，表面有菱形颗粒状外观，因其较粗的纬纱导致。它是一种坚韧的、耐磨的面料，容易熨烫，不易起皱。

**应用**：用于裙套装、夹克、长裤和裙子的制作。

### 生丝（精梳短毛织物）

**织物描述**：生丝是由较短、次等质量的蚕丝纤维制成的机织物，表面无光泽，容易磨损。

**应用**：用于夹克、裙子、衬衫以及宽松款式裙套装的制作。

### 棉绸

**织物描述**：棉绸是一种棉制缎纹机织物。织物表面的浮长线反射光线而产生一定光泽。采用丝光处理过的纱线纺织则会加强面料的光泽感，并提高织物强力。

**应用**：棉绸是衬衫、裙套装、童装、传统晚礼服和睡衣的最佳面料。

### 塔夫绸

**织物描述**：塔夫绸是一种脆硬质感的平纹织物，表面有闪亮光泽。传统的塔夫绸用蚕丝制成，现在也经常用合成纤维制作。可以用不同颜色经纱和纬纱，以产生彩色外观。塔夫绸十分硬挺，因而悬垂性差，需要选择适合它的脆硬质感的服装款式。

**应用**：用于拖地晚礼服和舞会服的制作。

### 精纺羊毛织物

**织物描述**：精梳纱线是指长丝经过精梳、高支加捻，以获得平滑、坚韧的效果。这样的纱线采用平纹或斜纹组织纺织得到弹性良好的织物。

**应用**：根据织物厚度不同，用于外套、夹克、裙套装、长裤和裙子制作。

# 机织物（厚型）

厚型机织物硬挺、厚而笨重，不易裁剪和处理。

### 结子线织物

**织物描述**：结子线织物指表面有结子线圈质地的织物，这种线圈有多种款式。结子线是缠绕、扭绞的线圈，机织或针织后产生毛圈质地。

**应用**：结子线织物的新奇表面使它适于制作款式简洁、较少细节设计的绒衣、羊毛衫和夹克。

### 锦缎

**织物描述**：锦缎是一种脆硬、笨重的织物，在提花机上机织成图案。锦缎的制作是通过织物的正反两面按照提花样板织出凸纹花样而完成。金属线也常织入该织物。

**应用**：适合优雅的晚装夹克和背心。

### 驼绒

**织物描述**：驼绒柔软而温暖，它来自双峰驼的贴身绒毛，可以纯纺或与其他毛纤维混纺，然后机织或针织成布。

**应用**：驼绒是外套、夹克、披肩的理想面料。针织驼绒可用于绒衣和羊毛衫的制作。

---

## 如何使用机织物（厚型）

- 使用锋利的长刃剪刀裁剪，能够获得整齐的边缘。
- 如果大头针不够长，用砝码压住面料裁剪，以保证裁片准确。
- 厚型机织物面料太厚，需要单层裁剪，不要折叠裁剪。
- 使用大号机针（14号以上），而且要调大针距。
- 缝制时调整减小压脚的压力。
- 缝制厚面料层有时需要双送压脚。

### 雪尼尔绒

**织物描述**：雪尼尔纱线质地柔软，因此由它织成的布料（通常是针织）有着柔软的、簇状绒堆。雪尼尔绒厚实、温暖，由羊毛纤维、棉纤维或合成纤维制成。

**应用**：用于时尚绒衣、羊毛衫、夹克的制作。

### 灯芯绒

**织物描述**：灯芯绒是一种机织物，从其表面的纵向隆起条绒可以轻易辨认出这种面料。它的外观从精致的细条绒到粗犷的宽条绒，变化较多。面料结实耐穿，通常为棉质。表面的条绒使它呈现起绒外观。

**应用**：适用于夹克、长裤、裙装制作。

### 劳动布

**织物描述**：劳动布是一种非常结实的棉布，以蓝经白纬的斜纹组织织成。它可通过后整理软化，并不会减弱牢度，适用于广泛的缝纫产品制作。

**应用**：适用于牛仔服、休闲服、直筒裙、包袋，薄型劳动布可制作衬衫、套装及柔软裙款。

### 起绒织物

**织物描述**：合成纤维起绒织物是一种温暖、轻质、舒适、耐穿的织物。它经常采用一些较好的后整理方法（如抗起球整理）取得更好的面料质量，并开发出丰富的厚度类型。这种材料不易磨损，针织组织结构使其有一定弹性。

**应用**：起绒织物的保暖性和厚度使它成为简洁款式的冬装的完美材料，如夹克、绑腿、帽子和围巾等。

### 马海毛织物

**织物描述**：马海毛来自安哥拉山羊，它质地柔软、丝滑、温暖，织成的面料奢华美观。马海毛结实耐穿、弹性良好，但是由于材料昂贵，经常与其他纤维混纺。

**应用**：适用于制作夹克、外套。

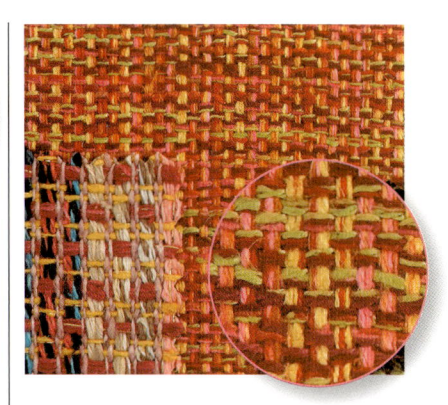

### 蚕丝粗花呢

**织物描述**：蚕丝粗花呢用蚕丝短纤维纺成的纱线织成，结构松散，表面粗糙。与羊毛粗花呢类似，它是由染色纱线色织而成。蚕丝粗花呢温暖舒适，但是通常需要加衬支撑以延长服装寿命。

**应用**：用于夹克、外套的制作。

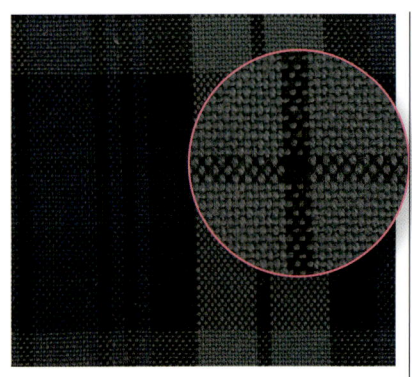

## 格子花呢

**织物描述**：这种传统苏格兰羊毛织物一般用已染好色的纱线织成条纹布，使得横向和纵向的条纹交错而产生格子图案。今天，格子花呢包括各种厚度、各种纤维和各种图案款式的织物。在苏格兰，传统粗花呢的匹长刚好用于打褶裥后的短裙。

**应用**：适用于半裙、裙套装、长裤和夹克的制作。

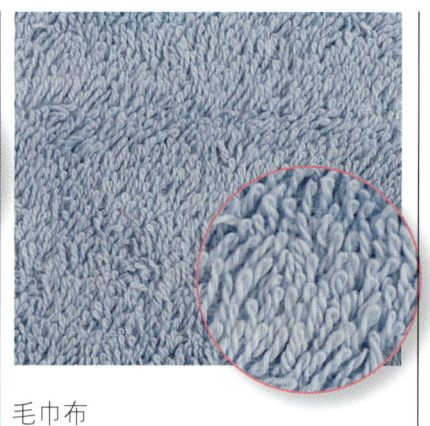

## 毛巾布

**织物描述**：毛巾布或毛圈织物，是一种棉质的、在一面或两面有毛圈的面料。毛圈使织物具有很好的吸湿性。

**应用**：用于毛巾、长袍、浴衣。

## 天鹅绒

**织物描述**：天鹅绒是一种机织物，一面有浓密的绒毛，采用经纱线圈割绒形成。传统的天鹅绒用蚕丝制成，如今，天鹅绒常用棉纤维、涤纶纤维、黏胶纤维、醋酯纤维或以上的混合纤维织成。棉质天鹅绒容易处理，应用广泛。

**应用**：用于夹克、裙子、晚礼服以及特殊场合着装。

## 棉质天鹅绒

**织物描述**：棉质天鹅绒与天鹅绒类似，只是它是棉或棉混纺制品。棉质天鹅绒的绒毛更短，并且由纬线产生。棉质天鹅绒比天鹅绒更容易操作，但是外观较为暗淡。由于棉质天鹅绒更结实耐穿，而且容易保养，因此常用于晚礼服。

**应用**：用于外套、夹克、裙子、童装、包袋等。

## 羊毛粗花呢

**织物描述**：一种机织物，传统的粗花呢由粗糙的家纺羊毛线织成。羊毛粗花呢通常用两种或更多种颜色的纱线色织而成，织出格子或其他图案。这是一种保暖性好的织物，但是它质地粗糙，如果接触皮肤会有不舒适感。

**应用**：羊毛粗花呢是夹克、马甲、外套的理想材料。可用于长裤或裙装，但是必须加衬以增加舒适感，防止变形。粗花呢的手袋、男用围巾和帽子也很流行。

# 透孔织物

透孔织物都是一些装饰性的、精致的、手工制作的面料。

### 马德拉刺绣

**织物描述**：这是蕾丝或镂空绣花的一种变化形式，在轻薄白棉布上切除一些很小的面积，并刺绣。它不需要像蕾丝那样精细地处理。

**应用**：用于裙子、罩衫以及有里子的裙套装。

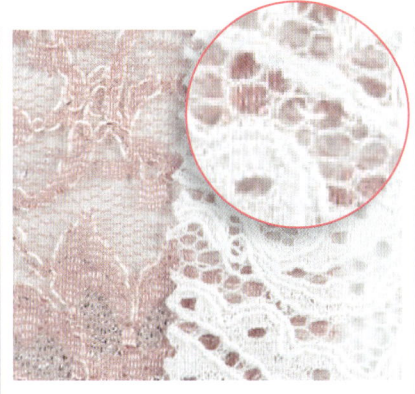

### 蕾丝

**织物描述**：蕾丝是一种精致的、以某一设计或图案织成的网眼面料。它可用蚕丝纤维、棉纤维或合成纤维以多种不同方法织造。一些蕾丝是用一支钩针、一根线手工勾编而成，另一些则是在网布上用纱线或绳线绣成。

**应用**：蕾丝有很多种流行样式，款式决定用途，不同的蕾丝可用于晚礼服或者婚礼服、内衣或睡衣等。蕾丝花边也可以用于服装饰边，蕾丝领子可以装饰领口。使用时要选择最少的接缝和细节，这样可以不损坏蕾丝。

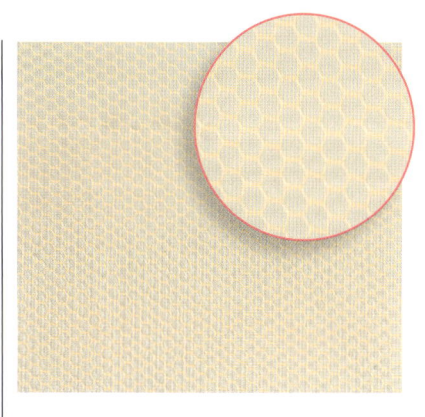

### 网眼和六角网眼

**织物描述**：网眼是用纱线织成轻质、挺爽的透孔网状织物。六角网眼指一种高质量的网眼织物，有着较柔软的手感。网眼都可以用合成纤维制作，真丝六角网眼用于美丽的婚礼服面纱。网眼织物质地较硬，是产生膨起体积感的理想材料。

**应用**：网眼经常用于制作大摆裙子的裙撑，能够支撑裙子又没什么重量，也可以用于衬裙。六角网眼通常用于面纱，或者多层重叠用于柔软飘逸的婚纱和晚装裙。

## 如何使用透孔织物

- 裁剪前仔细研究面料图案。
- 剪下小样，试验水洗、熨烫和缝合效果。
- 在反面熨烫或者垫布熨烫以保护织物正面。
- 熨烫时先确认水印不会留在织物上，否则要使用干熨斗。
- 在裁剪不牢固的、易损坏的织物时，应该加放一层薄棉布防止织物变形。

# 轻薄织物

轻薄织物由天然纤维或合成纤维制成，精致、质轻、柔软、挺爽，易损坏，需小心处理。

### 雪纺

**织物描述**：雪纺是一种精细、轻薄的透孔组织织物，柔软、飘逸，悬垂性良好。一般来说雪纺由合成纤维制成，但是真丝雪纺也可用于特殊场合服装。

**应用**：适合简洁的造型，宜采用较少的接缝，如褶裙、宽松上装、连衣裙，通常需要衬裙。

### 细棉布

**织物描述**：细棉布类似细麻布、蝉翼纱，是一种柔软、精细、质轻的平纹机织物。它也可以用羊毛纤维或涤纶纤维纺织，有时被称作"细纺布"。

**应用**：可用于制作裙套装、罩衫、衬衫、裙子。

### 棉麻布

**织物描述**：一种精细、平滑的平纹机织物，类似于蝉翼纱和细棉布，棉麻布常采用柔软、挺括后整理。它采用天然纤维制作，吸湿性良好，穿着舒适。

**应用**：用于制作裙套装、罩衫、薄型裙子。

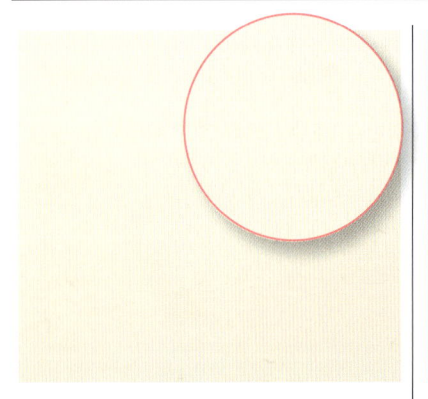

### 乔其纱

**织物描述**：一种类似雪纺的薄型真丝织物，表面质地暗淡，具有起绉效果。乔其纱采用强捻纱线和起绉组织织成，因此虽然十分薄透，但仍然有着良好的合体度和硬挺度。

**应用**：可用于宽松罩衫、衬衫、连衣裙和褶裙等。

### 里布

**织物描述**：里布的共同点是轻、薄、表面光滑，可用蚕丝（电力纺）或合成纤维制成。织物组织采用平纹组织或缎纹组织。

**应用**：夹克、外套、连衣裙、半裙、长裤和手包都需要里布以包裹毛边，而且使用里布可以使服装穿脱更容易。

### 平布

**织物描述**：一种结构松散机织的平纹棉布，平布是原色的或白色的，有多种厚度。最好的平布是用高支纱线织成的。便宜的平布比较薄，刷浆后可以增加其硬挺度（洗水即无）。

**应用**：用于罩衫、连衣裙，必要时需加衬里。

### 蝉翼纱

**织物描述**：蝉翼纱来自瑞士，是一种轻薄、挺爽的平纹织物，它由精纺棉纱织成，表面平滑，质地上乘。容易起皱，不过现代的后整理技术可以克服这一缺点。

**应用**：用于罩衫、衬衫。挺爽的蝉翼纱非常适合某些特别造型服装的制作。

### 真丝电力纺

**织物描述**：真丝电力纺是将柔软、精细的蚕丝采用平纹组织制成的光滑织物。质感轻柔，容易贴身。可用于服装衬里、内衣和睡衣。

**应用**：使用真丝电力纺做服装衬里，它的材质柔软、自然，有良好的吸湿性，接触皮肤非常舒适。因为这些特点，电力纺也适用于内衣、睡衣和睡袍。

### 泰国真丝

**织物描述**：泰国真丝是一种轻薄的平纹织物，纬纱有节点而使表面产生不匀整的外观效果。泰国真丝表面有光泽，并且不同的反射面会引起织物表面的色彩变化。因此在裁剪时注意所有裁片必须方向一致，以避免色彩差别。

**应用**：用于晚礼服、上装和裙套装等。

### 巴里纱

**织物描述**：与棉麻布、蝉翼纱类似，巴里纱轻而薄，质地透明。以超短纤维纺织采用平纹组织织成，质地柔软而挺爽。巴里纱以棉纤维或合成纤维为原料，多为素色或印花。

**应用**：用于罩衫、裙装，必要时可作为衬里。

### 如何使用轻薄织物

- 用锋利的剪刀裁剪，得到平滑的裁边。
- 轻薄面料在裁剪时不易转弯，因此裁剪小裁片时需要用转盘裁刀。
- 缝缝儿处插别珠针，可以减少面料的损坏。
- 使用精细的、标准的或小号针缝纫。
- 如果面料过于精致轻薄，可以使用绣花丝线缝制。
- 你会发现挺爽的面料比柔软的面料更容易缝纫。
- 缝直线时，使用直线缝底板，这样可以避免织物被推进机器中。
- 不要在裁边端头开始缝纫，而要从裁边中间向两边缝纫，以防面料推入机器中。
- 缝纫时要在机针的前面和后面都推送面料，以防面料皱折。
- 梭芯绕线时速度要慢，速度太快会使梭芯紧绷，引起缝线起皱。

# 弹性织物

　　弹性织物有的弹性很小，有的弹性很大，织物的横向有弹性或者纵横方向都有弹性。弹性织物通常是针织结构，以便产生弹性，但是添加了莱卡的机织物也可以有弹性。某些服装需要各个方向都有弹性，而另一些需要稳定性的服装需要只在一个方向上有弹性。

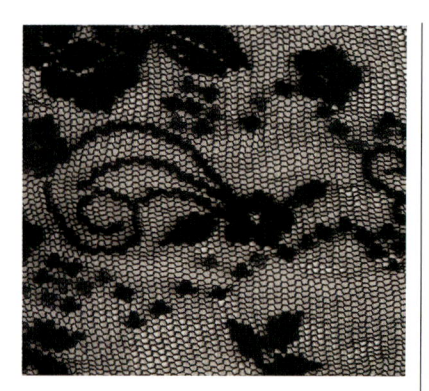

### 全弹力蕾丝

**织物描述**：这种织物可以由合成纤维混纺线和弹性纱线以蕾丝针织组织织成。

**应用**：内衣、睡衣可全部或部分使用全弹力蕾丝，蕾丝也可用于晚礼服。

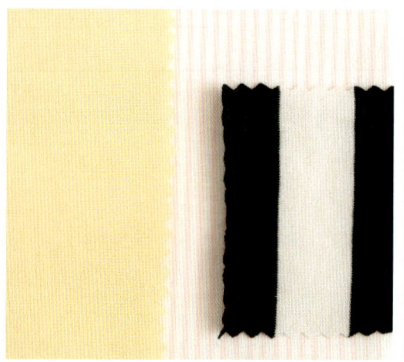

### 棉针织布

**织物描述**：这种针织薄型布料常用于T恤。针织结构和棉纤维使它具有较好的弹性和舒适性，而且，其表面平滑，悬垂性较好。

**应用**：用于运动服、宽松运动裤和休闲拉链衫。

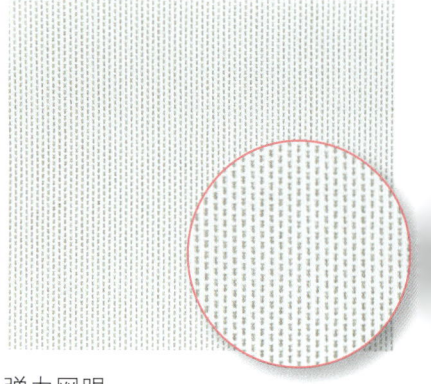

### 弹力网眼

**织物描述**：弹力网眼织物是由高比例的氨纶纤维制成，因此具有优良的四面弹性和回复能力。

**应用**：用于运动服、宽松运动裤、休闲拉链衫。这一织物适合制作宽松服装，并可套头穿脱，无需开身。

### 紧身针织物（合成针织物）

**织物描述**：这是一种针织两面弹织物，由合成纤维与弹性纤维（莱卡）混纺而成。悬垂性良好，不会起皱。

**应用**：适用于造型简单的连衣裙、半裙和上装，可以充分发挥其良好的悬垂性和舒适性。

### 氨纶织物

**织物描述**：氨纶是一种现代合成纤维，有着绝佳的弹性和回复性，经常与其他纤维混纺，使面料具有弹力，也可以使服装保形。

**应用**：用于运动服、舞蹈服装和内衣，也用于非常合体的服装。

### 运动衫织物

**织物描述**：也称为棉针织布，这种厚型针织面料有平针组织的光滑表面和起毛组织的背面，非常温暖、舒适。

**应用**：用于运动服、宽松运动裤和休闲拉链衫。

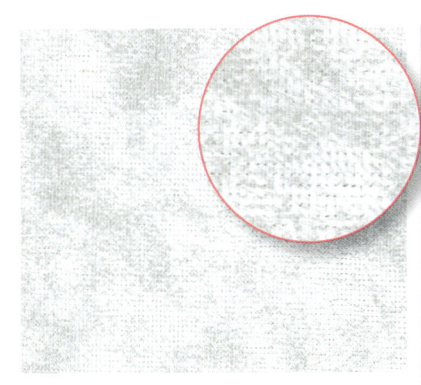

## 仿天鹅绒针织布

**织物描述**：相当于针织的天鹅绒，表面有厚实、柔软、有光泽的绒毛。看起来很像天鹅绒，由于采用针织结构，因此悬垂性更好。

**应用**：用于造型简单的连衣裙、半截裙以及悬垂感强的上装。

## 羊毛针织物

**织物描述**：羊毛针织物由羊毛或羊毛混纺线针织而成，非常厚实。可以手工织，也可以用机器织成同样的外观。

**应用**：用于绒衣、羊毛衫和宽松休闲夹克。

### 如何使用弹性织物

- 针对设计效果，确定需要单面弹力还是双面弹力的裁片。
- 拉伸面料，观察它的拉伸程度和弹性回复力。
- 裁剪前要检查面料，确认没有被拉伸。
- 按照弹力方向正确摆放裁片。
- 使用弹性针或珠针，因为它们不会撕裂面料。
- 涤纶线略有弹性，可以较好地用于缝制多数弹性织物。
- 剪下面料小样，用水洗、熨烫、缝纫的方式做试验。
- 包缝机的送布方式与弹性面料较为匹配，如果使用缝纫机，需要配备双送压脚，否则容易起皱。

# 教育资源

## 服装设计院校

以下列出的仅是世界上一小部分拥有服装设计专业的高等学院和大学。无论你想寻找一所夜校，还是就读本科或硕士的全日制课程，都有广泛的选择范围，你定能够找到合适的课程。

### AUSTRALIA

Royal Melbourne Institute of Technology
GPO. Box 2476V
Melbourne
Victoria 3001
t.: (+61) 3 9925 2000
www.rmit.edu.au

### CANADA

Montreal Superior Fashion School
La Salle College
2000 Ste-Catherine St. W.
Montreal
Quebec H3H 2T2
t.: (+1) 514 939 2006
www.collegelasalle.com

### DENMARK

Copenhagen Academy of
Fashion Design
Nørrebrogade 45, I. sal
2200 Copenhagen N.
t.: (+45) 33 328 810
www.modeogdesignskolen.dk

### FRANCE

Creapole
128 r. de Rivoli
75001 Paris
t.: (+33) l 4488 2020
www.creapole.fr

Esmod Paris
16 blvd Montmartre
75009 Paris
t.: (+33) l 4483 8150
www.esmod.com

Parsons Paris
14 r. Letellier
75015 Paris
t.: (+33) 1 4577 3966
www.parsons-paris.pair.com

### ITALY

Domus Academy
Via Watt 27
20143 Milano
t.: (+39) 24241 4001
www.domusacademy.it

Polimoda
via Pisana 77 1-50143
Firenze
t.: (+39) 55 739 961
www.polimoda.com

### NETHERLANDS

Amsterdam Fashion Institute
Mauritskade II
1091 GC Amsterdam
t.: (+31) 20 592 55 55
www.amfi.hva.nl

### SPAIN

Institucion Artistica de
Ense-anza
c. Claudio Coello 48
28001 Madrid
t.: (+34) 91 577 17 28
www.iade.es

### U.K.

University of Brighton
Mithras House
Lewes Road
Brighton BN2 4AT
t.: (+44)(0)1273 600 900
www.brighton.ac.uk

Central St Martin's College of
Art and Design
107 Charing Cross Road
London WC2H 0DU
t.: (+44)(0)20 7514 7000
www.csm.arts.ac.uk

De Montfort University
The Gateway
Leicester LEI 9BH
t.: (+44)(0)116 255 1551
www.dmu.ac.uk

East London University
Docklands Campus
4-6 University Way
London El6 2RD
t.: (+44) (0)20 8223 3405
www.uel.ac.uk

Kingston University
River House
53-57 High Street
Surrey KTI ILQ
t.: (+44)(0)20 8547 2000
www.kingston.ac.uk

London College of Fashion
20 John Prince's St.
London WIG 0BJ
t.: (+44)(0)20 7514 7344
www.fashion.arts.ac.uk

University of Manchester Institute of
Science and Technology
PO Box 88
Manchester M60 IQD
t.: (+44)(0) 161 236 331 1
www.manchester.ac.uk

Middlesex University
Cat Hill Campus
Chase Side
Barnet
Herts, EN4 8HT
t.: (+44)(0)20 841 1 5555
www.mdx.ac.uk

Nottingham Trent University
Burton St.
Nottingham NGI 4BU
t.: (+44) (0) 115 941 8418
www.ntu.ac.uk

Ravensbourne College of
Design and Communication
Walden Road
Chislehurst
Kent BR7 5SN
t.: (+44) (0)20 8289 4900
www.ravensbourne.ac.uk

Royal College of Art
Kensington Gore
London SW7 2EU
t.: (+44) (0)20 7590 4444
www.rca.ac.uk

University College
for the Creative Arts
Ashley Road
Epsom
Surry KTI8 5BE
t.: (+44) (0) 1372 728 81 1
www.ucreative.ac.uk

University of Westminster
Harrow Campus
Northwick Park
Harrow HAl 3TP
t.: (+44) (0)7911 5000
www.westminsterfashion.com

U.S.A.

American Intercontinental University
(Buckhead)
3330 Peachtree Rd, N.E.
Atlanta, GA 30326
t.: (+1) 888 591 7888
www.aiubuckhead.com

American Intercontinental University
(Los Angeles)
12655 W.Jefferson Blvd
Los Angeles, CA 90066
t.: (+1) 800 421 3775
www.alula.com

Brooks College of Fashion
4825 E. Pacific Coast Hwy
Long Beach, CA 90804
t.: (+1) 800 421 3775
www.brookscollege.edu

Cornell University
170 Martha Van Rensselaer Hall
Ithaca, NY 14853
t.: (+1) 607 254 4636
www.cornell.edu

Fashion Careers of California College
1923 Morena Blvd
San Diego, CA 92110
t.: (+1) 619 275 4700
www.fashioncareerscollege.com

Fashion Institute of Design and
Merchandising (Los Angeles)
919 S. Grand Ave.
Los Angeles, CA 90015-1421
t.: (+1) 800 624 1200
www.fidm.com

Fashion Institute of Design and
Merchandising (San Diego)
1010 2nd Ave.
San Diego, CA 92101-4903
t.: (+1) 619 235 2049
www.fidm.com

Fashion Institute of Design and
Merchandising (San Francisco)
55 Stockton St.
San Francisco, CA 94108-5829
t.: (+1) 415 675 5200
www.fidm.com

Fashion Institute of Design and
Merchandising (Orange County)
17590 Gillette Ave.
Irvine, CA 92614-5610
t.: (+1) 949 851 6200
www.fidm.com

Fashion Institute of Technology
Seventh Ave. 27 St.
New York, NY 10001
t.: (+1) 212 217 7999
www.fitnyc.edu

International Academy of
Design and Technology
(Chicago)
I N. State St., Suite 400
Chicago, IL 60602
t.: (+1) 312 980 9200
www.iadtchicago.edu

International Academy of
Design and Technology
(Tampa)
5225 Memorial Hwy
Tampa, FL 33634
t.: (+1) 888 315 6111
www.academy.edu

Katherine Gibbs School
50 W. 40th St.
New York, NY 10138
t.: (+1) 212 867 9300
www.gibbsny.edu

Parsons School of Design
66 Fifth Ave., 7th Floor
New York, NY 1001 1
t.: (+1) 212 229 8590
www.parsons.edu

School of Fashion Design
136 Newbury St.
Boston, MA 02116
t.: (+1) 617 536 9343
www.schooloffashiondesign.org

University of North Texas School of
Visual Arts
Office of Undergraduate Admissions
PO Box 305100
Denton, TX 76203-5100
t.: (+1) 940 565 2855
www.art.unt.edu

教育资源

## 服装设计师网站

如果你想寻找设计灵感或者追赶最新潮流，为什么不查找顶级设计师的网站？以下是部分优秀网站：

www.agnesb.fr
www.alexandermcqueen.com
www.annasui.com
www.antoniandalison.co.uk
www.apc.fr
www.balenciaga.net
www.betseyjohnson.com
www.bless-service.de
www.bruunsbazaar.com
www.burberry.com
www.celine.com
www.cerruti.com
www.chanel.com
www.christian-lacroix.fr
www.coupny.com
www.daniellenault.com
www.delphinepariente.fr
www.dior.com
www.dolcegabbana.it
www.donnakaran.com
www.driesvannoten.be
www.elspethgibson.com
www.emiliopucci.com
www.fendi.it
www.ghost.co.uk
www.gianfrancoferre.com
www.giorgioarmani.com
www.giovannivalentino.com
www.givenchy.com
www.gucci.com
www.helmutlang.com
www.hugo.com
www.isseymiyake.com
www.jaeger-lecoultre.com

www.jaredgold.com
www.jasperconran.com
www.jeanmuir.co.uk
www.johngalliano.com
www.jpgaultier.fr
www.karenwalker.com
www.katespade.com
www.kennethcole.com
www.kenzo.com
www.lacoste.com
www.lloydklein.com
www.lucienpellat-finet.com
www.marcjacobs.com
www.michaelkors.com
www.moschino.it
www.oscardelarenta.com
www.pacorabanne.com
www.patriciafield.com
www.paulsmith.co.uk
www.peopleusedtodream.com
www.pleatsplease.com
www.polo.com
www.prada.com
www.redblu.com
www.robertocavalli.com
www.seanjohn.com
www.soniarykiel.com
www.stellamccartney.com
www.tommy.com
www.versace.com
www.viviennewestwood.com
www.vuitton.com
www.yohjiyamamoto.co.jp
www.ysl.com

# 致谢

编者非常感谢为本书提供图片的设计师,他们是:

来自伦敦时装周,2007年2月:

Bora Aksu
Nicole Farhi
Gardem
Betty Jackson
Jens Laugesen

来自圣马丁时装学院2007秋季成衣时装发布,伦敦,
2007年2月:

Pavel Ivancic
Karmen Pedaru
Dasha V.
Annalisa Dunn
Kryszstof Strozyna
Jamie Bruski Tetsill
Alexandra Agoston
Carolina Bergstein
Anna Schmidt Risak
Julia Hederus
Kumiko Watari
Scott Ramsay Kyle
Tessa Birch
Seon Ju Kam
Mattijis Van Bergen
Tatiana Katinova
Louise Gray
Chemena Kamali
Maria Francesca Pepe

来自毕业展示时装周,伦敦,2007年6月:

Alexis Gane
Charlie Ross
Clare Rondel
David Mattsson
Duncan Shaw
Gareth Williams
Gemma Leakey
Hannah Lidle
Jasper Chadprajong
Jessica Clarke
Julia Ison-Steirer
Kate Atkinson
Kelly Shaw
Kirsten Bridgewater
Krelsmata Elidom
Lilli Rose Wicks
Luis Lopez-Smith
Ming Lei Liu
Nicolas Thomas
Orsolya Szabo
Sara Nowell
Sarah Edwards
Sarah Ormannoyd
Tanveer Ahmed
Victoria Moore
Zoe Donald
Zoe Wilson-Foster

来自伦敦时装学院一百周年硕士设计展,2007年1月:

Zhang Ying (Joy Cheung)
Chloe Hewett
Yoni Pai

对伦敦时装学院、圣马丁时装学院和米德莱斯克斯大学的学生致以特别感谢,他们善意地允许我们在本书中使用以下学生的作品:

Yerkezhan Ashimova, Nicolas Clarke Aburn, Lova Mollar, Crimson-Rose O'Shea,
Alex Rosenwald, Fannie Schlavoni, Caroline Wilkinson and Tracy Wong.

剩余的所有图像和照片都来自夸拓(Quarto)公司的版权。尽管作者已经尽了最大的努力,但是出版者还是要为书中可能出现的遗漏或错误致歉——并会在今后的版本中有所改进。

## 如何使用这个图形

用这个图像作为服装系列设计的模板。

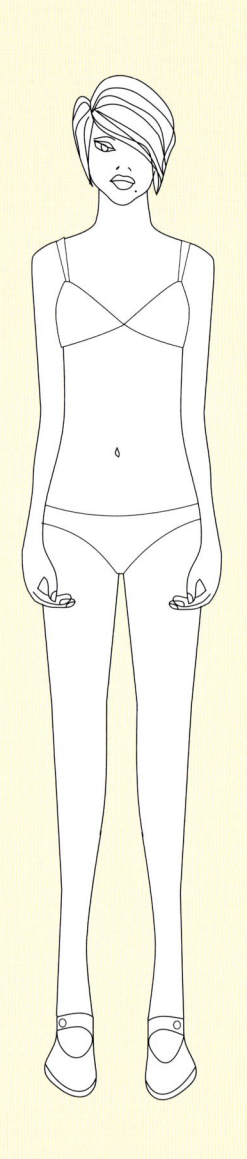

**1.** 将图纸（薄的、不透明的）放在模特画像上，直接在上面手绘描摹出模特、服装和全套搭配。

**2.** 将指南中的任何一款服装的造型拷贝到图纸上描绘线迹，以便看出服装穿在模特身上的效果。在图纸上描摹其他服装细节，并进行组合、搭配，产生出新设计。

**展开此页，找到人体轮廓……**

……用她作为你的服装系列设计的原型。